Juegos matemáticos ocultos en la literatura

Piergiorgio Odifreddi

Juegos matemáticos ocultos en la literatura

Edición y traducción de
Rafael Hidalgo y Beatrice Parisi

OCTAEDRO

Colección Palabras en juego, n.º 4

Edición y traducción al castellano:
Rafael Hidalgo y Beatrice Parisi

Primera edición: junio de 2007

Ediciones OCTAEDRO, S.L.
C/ Bailén, 5 - 08010 Barcelona
Tel.: 93 246 40 02 - Fax: 93 231 18 68
e-mail: octaedro@octaedro.com

ISBN: 978-84-8063-885-2
Depósito legal: B. 31.850-2007

Realización y diseño: Ediciones Octaedro

Impresión: Hurope, s.l.

Impreso en España
Printed in Spain

Índice

Introducción

Tomando prestado uno de los muchos términos matemáticos que han entrado en el lenguaje común, podríamos definir a Piergiorgio Odifreddi como un personaje poliédrico. Enseña Lógica en la Universidad de Turín, escribe libros de gran éxito de divulgación científica y, por último, es miembro del Oplepo –taller de literatura potencial–, un grupo de intelectuales que exploran las posibilidades recónditas de la creatividad literaria jugando con el lenguaje.

Nuestro primer encuentro se remonta al mes de octubre de 2000 en la isla de Capri, a raíz precisamente de un convenio de ludolingüística en el que se habló de constricción literaria, literatura potencial, traducción, Oulipo francés y Oplepo italiano; su intervención se titulaba «Si una noche de invierno una computadora» y estaba dedicada a las implicaciones matemáticas de las novelas de Italo Calvino.

De él nos impresionó mayormente su capacidad comunicativa y, por encima de todo, su capacidad de hacer convivir con fecunda y serena armonía campos del saber que normalmente se consideran contrapuestos o incluso contradictorios: cultura humanística y cultura científica, matemática y escritura, literatura y juego...

Gracias a esta orientación científico-literaria-lúdica nos parece un autor ideal para una colección como «Palabras en juego», cuyo objetivo consiste en explorar sin preclusiones de ningún tipo las enormes posibilidades creativas y recreativas del lenguaje. Y, por otra parte, una confirmación de todo esto la hallamos en una afirmación sacada de una de sus obras más recientes *Penna, pennello e bacchetta. Le tre invidie del matematico* publicada por la editorial Laterza de Bari:

«La esencia del método matemático reside en demostrar teoremas a partir de axiomas, mediante reglas de deducción. Hasta el siglo XIX se creía que los axiomas eran evidentemente verdaderos, y las reglas evidentemente correctas: por consiguiente, a los teoremas matemáticos se les otorgaba el estado de verdades absolutas. El descubrimiento de las geometrías no euclidianas primero, y de las lógicas no clásicas después, puso en crisis esta visión; hoy día la actividad matemática moderna corresponde más bien a un juego, en el que es menester seguir correctamente reglas que nada tienen que ver con la verdad.

Un razonamiento análogo es aplicable también al lenguaje, en el que es menester seguir correctamente reglas que nada tienen que ver con el significado [...]. De ahí se llega por consiguiente a una visión unificadora que se puede sintetizar en la ecuación: literatura = juego = matemática.

Obviamente, una síntesis de este tipo es ella misma un *jeux d'esprit*, pero precisamente por ello no le falta ni significado ni verdad».

Con respecto al contenido, este libro agrupa una serie de artículos escritos por Odifreddi en diferentes momentos de finales del siglo pasado y comienzos del presente y para distintas revistas o periódicos. Tomando como pretexto lecturas de escritores famosos de todos los tiempos –desde la Grecia antigua hasta nuestros días– se introduce en los recovecos de sus producciones literarias con mirada libre y profunda e indaga con perspicacia los aspectos matemáticos que las conforman. Esta lectura atenta e inusual permite destacar innumerables aspectos inéditos de obras importantes de la historia de la literatura mundial y aunque la perspectiva resulte inesperada Odifreddi la expone siempre de forma inteligible, atractiva, entretenida.

La presentación de los textos es intencionalmente no sistemática pues nuestro objetivo no radica en presentar un manual estructurado, sino simplemente en ofrecer una guía que permita enfrentarse a la lectura y a la literatura desde una perspectiva distinta de la acostumbrada.

Goethe afirmaba que «los matemáticos son como los franceses: nada más decirles algo lo traducen a su propio lenguaje, y entonces parece enseguida diferente». Y desde luego la interpretación que de estos textos nos proporciona el matemático, literato y jugador Piergiorgio Odifreddi es realmente diferente y, precisamente por eso, resulta mucho más estimulante para el lector.

RAFAEL HIDALGO Y BEATRICE PARISI

1. Literatura del infinito

Hay un concepto que es el corruptor y el desatinador de los otros. No hablo del Mal cuyo limitado imperio es la ética; hablo del infinito. Yo anhelé compilar alguna vez su móvil historia. La numerosa Hidra (monstruo palustre que viene a ser una prefiguración o un emblema de las progresiones geométricas) daría conveniente horror a su pórtico; la coronarían las sórdidas pesadillas de Kafka y sus capítulos centrales no desconocerían las conjeturas de ese remoto cardenal alemán –Nicolas de Krebs, Nicolás de Cusa– que en la circunferencia vio un polígono de un número infinito de ángulos y dejó escrito que una línea infinita sería una recta, sería un triángulo, sería un círculo y sería una esfera (*De docta ignorantia*, I, 13). Cinco, siete años de aprendizaje metafísico, teológico, matemático, me capacitarían (tal vez) para planear decorosamente ese libro. Inútil agregar que la vida me prohíbe esa esperanza, y aun ese adverbio.

Si semejante esperanza le estuvo vedada a Jorge Luis Borges, ilimitado profesional, sin duda no podremos cultivarla nosotros, limitados diletantes. Como mucho, inspirándonos precisamente en esos *Avatares de la tortuga* de los que hemos citado el admirable *íncipit*, podemos tratar de seguir un solo hilo de la inagotable trama entretejida por el infinito en la urdimbre de la literatura: un hilo que enlaza a los dos protagonistas de una historia inmortal que, brevemente, vamos a narrar.

UNA CARRERA PERPETUA

Zenón de Elea, que vivió en el siglo IV a.C., fue acaso el más prolífico inventor de paradojas y sin duda el más conocido. Su objetivo era sostener las tesis de Parménides contra el movimiento y lo hizo de manera tan eficaz que fue llamado «lengua viperina»: lengua que perdió, según las *Vidas de los más ilustres filósofos griegos* (IX, 25-29) de Diógenes Laercio, cuando se la arrancó él solo con los dientes y la escupió a la cara del tirano, para incitar a sus conciudadanos a sublevarse.

La paradoja más famosa de Zenón, gracias, precisamente, a una lograda imagen literaria, es la que atañe a Aquiles el de pies ligeros y a la tortuga patas lentas: si Aquiles concede a la tortuga una ventaja cualquiera no conseguirá nunca alcanzarla, porque primero debe recorrer la distancia que le había concedido de ventaja, pero mientras tanto ella habrá recorrido un nuevo trecho, que Aquiles deberá cubrir, y así sucesivamente.

La versión más antigua de la paradoja que ha llegado hasta nuestros días se encuentra en la *Física* (Z 9, 239b-240a) de Aristóteles, pero aquí es tal vez más adecuada la reciente versión que proporcionó Borges en su ensayo *La perpetua carrera de Aquiles y la tortuga*:

> Aquiles, símbolo de rapidez, tiene que alcanzar la tortuga, símbolo de morosidad. Aquiles corre diez veces más ligero que la tortuga y le da diez metros de ventaja. Aquiles corre esos diez metros, la tortuga corre uno; Aquiles corre ese metro, la tortuga corre un decímetro; Aquiles corre ese decímetro, la tortuga corre un centímetro; Aquiles corre ese centímetro, la tortuga un milímetro; Aquiles el milímetro, la tortuga un décimo de milímetro, y así infinitamente, de modo que Aquiles puede correr para siempre sin alcanzarla.

Muchos de los argumentos de Zenón fueron redescubiertos, casi simultáneamente, por el sofista chino del cuarto siglo a.C. Hui Shi, y contados en el último capítulo del clásico taoísta *Chuang Tzu*, que los descalifica como «palabras que no dan en el blanco», un «querer correr más veloces que la propia sombra». Uno, en particular, presenta una perfecta analogía con Aquiles y la tortuga:

> Si cada día se reduce a la mitad un bastón de un pie de largo, siempre quedará algo incluso diez mil generaciones después.

Una vez descubierta, la regresión infinita se propagó en infinidad de variantes, positivas y negativas. Platón la utilizó en el *Parménides*, un diálogo en el que Zenón aparece como protagonista. Eudoxio y Arquímedes la adoptaron para aproximar el círculo mediante polígonos regulares. Avicena y Tomás de Aquino extrajeron de ella demostraciones de la existencia de Dios. Fermat la formalizó en el método del descenso infinito. Kant dedujo la segunda antinomia de la razón pura. Schopenhauer la imposibilidad de conocernos a nosotros mismos...

Después de ser, durante dos milenios, prerrogativa exclusiva de la filosofía y la matemática, por fin llegó el tiempo en que las ideas zenonianas atrajeran hacia sí el interés de la literatura, y a nosotros nos llega el momento de dar comienzo a nuestra breve historia.

UNA AUTOBIOGRAFÍA COMPLETA

El bautismo del arte aconteció en ese fragmento de la *Vida y opiniones del caballero Tristram Shandy* (IV, 13) de Laurence Sterne, de 1761:

> Este mes soy un entero año más viejo de cuanto lo era en esa misma época doce meses atrás. Habiendo llegado, como podéis ver, casi a la mitad de mi cuarto volumen, pero no más allá del primer día de mi vida, esto demuestra que tengo trescientos sesenta y cuatro días de más para escribir ahora que cuando empecé. De tal modo que, en lugar de avanzar en mi trabajo como cualquier otro escritor, al contrario me encuentro con un retraso de otros tantos volúmenes. Si cada día de mi vida fuese tan denso (¿y quizás que no?), y los eventos y las consideraciones sobre él requiriesen otras tantas descripciones (¿y por qué no deberían?), a este punto viviría 364 veces más rápido que lo que puedo escribir. De ello se deduce, si me lo permitís, que más escribo y más tendré que escribir; en consecuencia, tanto más sus señorías leen, tanto más tendrán para leer. [...]

> En cuanto a la propuesta de escribir doce volúmenes al año, o un volumen al mes, no modifica de ninguna manera mis perspectivas: por más que yo escriba, y por mucho que corte por lo sano siguiendo el consejo de Horacio, no me alcanzaré nunca. Llegado al último pellizco, en el peor de los casos me quedará un día en la pluma: pero un día basta para dos volúmenes, y dos volúmenes para un año.

El protagonista de la novela, que había emprendido la escritura de su propia autobiografía completa, tuvo, pues, que abandonarla porque la tarea le resultó a todas luces imposible. En realidad, no hay nada de paradójico en ello: sólo una triste constatación de la mortalidad de la vida humana. Paradójica sería en cambio una vida infinita, porque permitiría no sólo escribir la propia autobiografía completa con los ritmos lentos de Tristram Shandy, sino también pasar buena parte del tiempo haciendo otras cosas (para hacer más interesante la misma biografía).

Realmente paradójico sería postular, en lugar de un futuro, un pasado infinito apenas concluido: en base a la misma correspondencia entre infinitos años e infinitos días, también en este caso se dispondría de todo el tiempo para escribir la propia autobiografía completa. Si no fuese que la descripción del último día requeriría, en cualquier caso, un año, y, por tanto, habría que ¡comenzarla antes de vivirlo!

FINAL DE CARRERA

En 1895, Lewis Carroll imaginó que los dos protagonistas de la paradoja de Zenón habían concluido milagrosamente sus fatigas, y refirió *Lo que la tortuga le dijo a Aquiles*: un diálogo que, según el narrador, se prolongó durante meses.

Como buen lógico que era, Carroll usó los métodos eleáticos para argumentar que no son posibles los silogismos: afirmar que de ciertas premisas se deduce una conclusión significa decir que existe una regla que permite pasar de las primeras a la segunda; pero para poder aplicar la regla debe haber una meta-regla, que diga que de las premisas y de la regla que relaciona premisas y conclusiones se pueden obtener las conclusiones, y así sucesivamente.

La novedad del argumento de Carroll consistía en que demostraba de manera eficaz la distinción entre implicación lingüística y deducción metalingüística, hoy día formalizada en el denominado *teorema de deducción*, que enuncia, precisamente, su equivalencia. Más en general, por primera vez el argumento demostraba explícitamente la distinción entre lenguaje y metalenguaje, que hoy es una conquista consolidada de la lógica moderna.

De forma similar y para objetivos análogos, aunque con retraso respecto a los tiempos, Ludwig Wittgenstein demostrará en sus *Investigaciones filosóficas* que no se aprenden las reglas mediante meta-reglas: de lo contrario para aprender las meta-reglas serían necesarias meta-meta-reglas, y así sucesivamente.

UN MAPA PERFECTO

Toda la filosofía de Francis Herbert Bradley es un retorno explícito a los eleáticos: él creía en lo absoluto y en lo uno, como única posible reconciliación de las ubicuas contradicciones de la multiplicidad en la apariencia. En concreto, en *Apariencia y realidad* (1897) Bradley efectuó una variación de la variación de Carroll de la paradoja de Zenón para demostrar que no son posibles propiedades ni relaciones de ningún tipo: por ejemplo, decir que un objeto tiene una propiedad unaria significa decir que existe una relación binaria entre el objeto y la propiedad, y esto implica decir que existe una relación ternaria entre el objeto, la propiedad y la relación, y así sucesivamente.

Las ideas de Bradley fueron discutidas detalladamente en 1899 por Josiah Royce en su obra *The World and the Individual*, en la cual se presenta además una eficaz (y bien conocida actualmente) imagen de la regresión infinita presente en ellas:

> Imaginemos que una porción del suelo de Inglaterra ha sido nivelada perfectamente y que en ella traza un cartógrafo un mapa de Inglaterra. La obra es perfecta; no hay detalle del suelo de Inglaterra, por diminuto que sea, que no esté registrado en el mapa; todo tiene ahí su correspondencia. Ese mapa, en tal caso, debe contener

un mapa del mapa, que debe contener un mapa del mapa del mapa, y así infinitamente.

En un texto incluido en la segunda edición de *Historia Universal de la infamia*, de 1954, atribuido apócrifamente a un inexistente Suárez Miranda (*Viajes de varones prudentes*, libro cuarto, cap. XIV, Lérida, 1658), Borges volvió a formular literariamente el argumento:

> [...] En aquel Imperio, el Arte de la Cartografía logró tal Perfección que el Mapa de una sola Provincia ocupaba toda una Ciudad, y el Mapa del Imperio, toda una Provincia. Con el tiempo, estos Mapas Desmesurados no satisficieron y los Colegios de Cartógrafos levantaron un Mapa del Imperio, que tenía el Tamaño del Imperio y coincidía puntualmente con él. Menos Adictas al Estudio de la Cartografía, las Generaciones Siguientes entendieron que ese dilatado Mapa era Inútil y no sin Impiedad lo entregaron a las Inclemencias del Sol y de los Inviernos. En los desiertos del Oeste perduran despedazadas Ruinas del Mapa, habitadas por Animales y por Mendigos; en todo el País no hay otra reliquia de las Disciplinas Geográficas.

Más implícitamente, la problemática planteada por la regresión infinita del mapa de Royce se halla implicada en todas las obras que contienen una parte que debería coincidir con la obra misma. La *Ilíada* de Homero en la que Elena borda un vestido de púrpura que representa la historia del poema. El *Ramayana* de Valmiki, al término del cual los hijos de Rama buscan refugio en una selva, donde un asceta les enseña a leer con un libro que es, precisamente, el *Ramayana*. El *Mahabarata* de Vyasa, que comienza con un narrador que encuentra a un amigo y le cuenta el *Mahabarata*, una historia que trata del poeta Vyasa que dicta al dios Ganesh el *Mahabarata*, una historia que trata de un rey que encuentra al poeta Vyasa y se hace contar el *Mahabarata*. *El sueño de la cámara roja*, en el cual, al principio, el protagonista ve en sueños los acontecimientos de la novela. El *Hamlet* de Shakespeare, en el que se representa una tragedia que es aproximadamente la misma de *Hamlet*...

Hoy día, tal vez no es menos interesante considerar el argumento matemáticamente, a la luz del *teorema del punto fijo de Ba-*

nach, según el cual una contracción en un espacio métrico completo tiene un único punto fijo: en el caso del mapa, ello significa que debe haber un punto del territorio que coincida con su imagen en el mapa.

SITUACIONES KAFKIANAS

La obra entera de Franz Kafka es, según el escritor argentino Carlos Mastronardi, una reelaboración literaria de las paradojas de Zenón: el pathos de sus novelas nace justamente del número infinito de obstáculos que detienen a sus idénticos héroes. Y también la incompleción de sus obras, la falta de capítulos intermedios, es una consecuencia de ello: en efecto, no es necesario enumerar todos los puntos de un segmento, o todas las posibles vicisitudes, para sugerir la infinita regresión.

Como ejemplo del procedimiento vale la pena reproducir por entero, dada su brevedad, el zenoniano relato *Un mensaje imperial*, de 1917 (sucesivamente integrado en el contemporáneo e igualmente zenoniano *La muralla china*):

> El Emperador, tal va una parábola, os ha mandado, humilde sujeto, quien sois la insignificante sombra arrinconándose en la más recóndita distancia del sol imperial, un mensaje; el Emperador desde su lecho de muerte os ha mandado un mensaje para vos únicamente. Ha comandado al mensajero a arrodillarse junto a la cama, y ha susurrado el mensaje; ha puesto tanta importancia al mensaje, que ha ordenado al mensajero se lo repita en el oído. Luego, con un movimiento de cabeza, ha confirmado estar correcto. Sí, ante los congregados espectadores de su muerte –toda pared obstructora ha sido echada abajo, y en las espaciosas y colosalmente altas escaleras están en un círculo los grandes príncipes del Imperio– ante todos ellos, él ha mandado su mensaje. El mensajero inmediatamente embarca su viaje; un poderoso, infatigable hombre; ahora empujando con su brazo diestro, ahora con el siniestro, taja un camino a través de la multitud; si encuentra resistencia, apunta a su pecho, donde el símbolo del sol repica de luz; al contrario de otro hombre cualquiera, su camino así se le facilita. Mas las multitudes son tan vastas;

sus números no tienen fin. Si tan sólo pudiera alcanzar los amplios campos, cuán rápido él volaría, y pronto, sin duda alguna, escucharías el bienvenido martilleo de sus puños en tu puerta. Pero, en vez, cómo vanamente gasta sus fuerzas; aún todavía traza su camino tras las cámaras del profundo interior del palacio; nunca llegará al final de ellas; y si lo lograra, nada se lograría en ello; él debe, tras aquello, luchar durante su camino hacia abajo por las escaleras; y si lo lograra, nada se lograría en ello; todavía tiene que cruzar las cortes; y tras las cortes, el segundo palacio externo; y una vez más, más escaleras y cortes; y de nuevo otro palacio; y así por miles de años; y por si al fin llegara a lanzarse afuera, tras la última puerta del último palacio –pero nunca, nunca podría llegar eso a suceder–, la capital imperial, centro del mundo, caería ante él, apretada a explotar con sus propios sedimentos. Nadie podría luchar y salir de ahí, ni siquiera con el mensaje de un hombre muerto.

Mas os sentáis tras la ventana, al caer la noche, y os lo imagináis, en sueños.

INVENCIONES BORGIANAS

De las paradojas de Zenón, Borges extrajo, por un lado, las bases de su pensamiento sobre infinito, tiempo y realidad (ubicuos en sus escritos), y, por otro, la inspiración para construir sus inquietantes situaciones al límite.

Él las considera la prueba definitiva que desenmascara el carácter alucinante del mundo: sin ellas nuestro sueño sería tan preciso y coherente que terminaríamos por creérnoslo, pero introducen incongruencias de absurdidad que terminan por revelarnos su irrealidad. Borges las emplea, además, repetidamente, y con objetivos análogos, en sus construcciones literarias, que ya examinamos detalladamente en otra ocasión en la revista *Le Scienze*. Aquí será suficiente citar dos ejemplos.

El primero está sacado de *La muerte y la brújula*, de 1944. Un detective logra prever el último delito de una serie, pero llegado al lugar con la intención de prevenirlo descubre que le han tendido una trampa para matarlo. He aquí la última conversación entre la víctima y el asesino:

–En su laberinto sobran tres líneas –dijo por fin–. Yo sé de un laberinto griego que es una línea única, recta. En esa línea se han perdido tantos filósofos que bien puede perderse un mero *detective.* Scharlach, cuando en otro avatar usted me dé caza, finja (o cometa) un crimen en A, luego un segundo crimen en B, a 8 kilómetros de A, luego un tercer crimen en C, a 4 kilómetros de A y de B, a mitad de camino entre los dos. Aguárdeme después en D, a 2 kilómetros de A y de C, de nuevo a mitad de camino. Máteme en D, como ahora va a matarme en Triste-le-Roy.

–Para la otra vez que lo mate –replicó Scharlach– le prometo ese laberinto, que consta de una sola línea recta y que es invisible, incesante.

Retrocedió unos pasos. Después, muy cuidadosamente, hizo fuego.

El segundo ejemplo proviene de *La escritura del Dios*, de 1949:

Un día o una noche –entre mis días y mis noches, ¿qué diferencia cabe?– soñé que en el piso de la cárcel había un grano de arena. Volví a dormir, indiferente; soñé que despertaba y que había dos granos de arena. Volví a dormir; soñé que los granos de arena eran tres. Fueron, así, multiplicándose hasta colmar la cárcel y yo moría bajo ese hemisferio de arena. Comprendí que estaba soñando; con un vasto esfuerzo me desperté. El despertar fue inútil; la innumerable arena me sofocaba. Alguien me dijo: *No has despertado a la vigilia, sino a un sueño anterior. Ese sueño está dentro de otro, y así infinitamente, que es el número de los granos de arena. El camino que habrás de desandar es interminable y morirás antes de haber despertado realmente.*

Multiplicar indefinidamente los ejemplos de eleatismo literario sería no sólo inútil, sino imposible. Podemos pues detenernos aquí, como en cualquier otro punto, dejando al lector, a propósito del incesante tormento puesto en marcha por Zenón, la alternativa: ¿renunciar a aquel pedacito de luz griega para mantener nuestro concepto de universo o, como en cambio proponía Borges, retocar nuestro concepto de universo para acomodarlo a aquel pedacito de tiniebla griega?

2. Maravillas en el país de Alicia

LEWIS CARROLL

La soleada tarde del viernes 4 de Julio de 1862 dos reverendos que enseñaban en Oxford (Charles Dodgson y Robinson Duckworth) llevaron a tres niñas (Lorina, Alicia y Edith Liddell) de excursión en barca por el Támesis. No era la primera vez, pero fue distinta de las demás. Las hermanitas estaban especialmente inquietas y pretendieron que se les contase una historia insensata. Dodgson improvisó, como solía hacer, y el cuento resultó tan atractivo que Alicia le pidió que se lo escribiera. El reverendo accedió, «para complacer a una niña a la que adoraba», y al cabo de unos meses le presentó un manuscrito ilustrado, *Las aventuras de Alicia bajo tierra*.

Lo qué sucedió a continuación, no se sabe. Probablemente la cosa estaba alcanzando masa crítica, vistas las tendencias de ambos. Por un lado, a sus treinta años el reverendo tenía una debilidad más bien sospechosa por las niñas, y le gustaba fotografiarlas desnudas y besuquearlas, sólo que luego se escandalizaba si descubría que eran más mayorcitas de lo que había creído. Por otro lado, a los diez años Alicia era incluso demasiado despierta para su edad: un día, por ejemplo, invitó a un adulto (Ruskin) a tomar el té en su casa mientras sus padres estaban de paseo, con lo que provocó el embarazo general al volver éstos antes de lo previsto por culpa del mal tiempo. Lo cierto es que, pocos meses después de la excursión en barca, de repente la madre obligó a Alicia a que destruyera todas las cartas que Dodgson le había escrito, y a él le impidió que volviera a verla: los dos se volverían a reunir sólo treinta años después, en 1891 (algunos años antes,

Alicia lo había invitado al bautizo de su primer hijo pero él no había contestado siquiera).

De todos modos, Dodgson no olvidó a su joven musa, y en 1865 publicó una versión revisada y corregida de la historia, con el nuevo título de *Alicia en el país de las maravillas*, y bajo el pseudónimo de Lewis Carroll: una inversión múltiple, tanto lingüística como posicional, de sus nombres (Charles Ludwige). Fue así como vio la luz uno de los libros más singulares de la literatura, al cual se añadió una continuación en 1871: *A través del espejo y lo que Alicia encontró al otro lado*. En realidad, las Alicias, en este último libro, son dos: Liddell, a quien Dodgson, mientras aprendía a jugar al ajedrez, le había contado historias inspiradas en ese juego, y Raikes, prima lejana de Liddell, a quien, en 1868, Dodgson había introducido en los misterios de la reflexión especular.[1]

En 1876 Carroll publicó una tercera obra, grande e intraducible, *The hunting of the Snark*, aparecido como *La caza del Snark* o *La caza del carabón*, también ésa dedicada a una niña: Gertrude Chataway, la única de sus amiguitas con quien el reverendo mantuvo una relación de afecto durante toda su vida. El poema es singular en muchos aspectos, no último su proceso compositivo. En efecto, durante un paseo, a Carroll le llegó la inspiración del último verso (*for the Snark was a Boojum, you see*, «el snark era un búcham, como bien suponéis»), y de ahí partió para construir primero la última estrofa, y luego, poco a poco, el poema entero, empezando por el final.

El último trabajo literario de Carroll fue la novela *Silvia y Bruno*, publicada en dos partes en 1889 y 1893, y dedicada a Isa Bowman, la niña que interpretó a Alicia en el teatro, y que fue su segunda predilecta. También esta obra fue construida empezando por el final, esta vez adaptando la trama a los detalles: es decir, tratando de amalgamar en un todo estructurado decenas de fragmentos de ideas y de sueños («efectos sin causa») que Carroll había coleccionado durante años. La artificiosidad del procedimiento, unida a un intento moralizador excesivamente ex-

1. Los dos temas del ajedrez y del espejo están obviamente conectados: las blancas y las negras tienen piezas idénticas, excepto que por el color, y sus posiciones iniciales son especulares, excepto que para el rey y la reina.

plicito, terminó por producir una obra aburrida y poco lograda, que se ha definido como «uno de los fracasos más interesantes de la literatura inglesa».

Y ALICIA FUE HECHA

A pesar del aparente caos de la narración, los dos libros de Alicia están profundamente estructurados. Primeramente, ambos se articulan en una serie de 12 capítulos cada uno, como los 24 preludios y fugas de *El clave bien temperado* de Bach o los 24 *Preludios* de Chopin.

El poema que abre *Alicia* usa tres veces la palabra *little* (que significa «pequeña» pero suena como «Liddell») en la primera estrofa, y cuenta la fatídica excursión en barca. El poema que concluye el *Espejo* vuelve al argumento con nostalgia, y constituye un acróstico: las primeras letras de los 21 versos forman el nombre Alice Pleasance Liddell, mientras que Alice aparece por extenso al principio del undécimo verso, en la estrofa central que la describe como un fantasma perseguidor «deambulando bajo cielos que nunca ojos mortales vieron». Los versos de la última estrofa se concluyen con unas palabras (*stream*, *gleam* y *dream*, «corriente», «rayo» y «sueño») que también concluyen, en orden inverso, los versos de la primera estrofa del poema que abre *Silvia y Bruno*, el cual es, a su vez, un doble acróstico: las primeras letras de los 9 versos, y las primeras palabras de las 3 estrofas, forman el nombre de Isa Bowman.[2]

Alicia está ambientado al aire libre en verano, el 4 de mayo de 1859, día del séptimo cumpleaños de la niña: y, en efecto, en la cubierta de la versión manuscrita que Dodgson le regaló, había pegado una fotografía de ella a los siete años, hecha por él mismo. *Espejo* está ambientado en un interior y en invierno, a seis meses exactos de distancia, el 4 de noviembre de 1859: Alicia tiene, pues, exactamente siete años y medio, y Humpty Dumpty

2. También la dedicatoria de *La caza del Snark* es un doble acróstico: las primeras letras de los 16 versos, así como las primeras palabras de las 4 estrofas, forman el nombre Gertrude Chataway.

le hace notar que si alguien no le hubiese echado una mano, es decir, si la continuación de la historia no se hubiese escrito, se habría quedado con siete años.

En ambos libros desempeñan un papel preponderante los juegos: las cartas y el croquet en *Alicia*, y el ajedrez en el *Espejo*. Los acontecimientos de este último constituyen los movimientos de una partida descrita en el prefacio, y Alicia es un peón blanco que atraviesa el tablero entero, interactuando siempre y solamente con las piezas que están en las casillas adyacentes a la suya. Riachuelos y setos separan físicamente entre sí las casillas horizontal y verticalmente, y el paso de Alicia de una casilla a otra se indica en el texto con tres líneas de puntos. Al final Alicia alcanza el otro lado del tablero, se convierte en reina, captura a la Reina Roja y da jaque mate al Rey Rojo.

En ambos libros, además de Alicia, está presente el mismo Dodgson. En *Alicia*, como Dodo, que deriva de «Do... Do... Dodgson» y que alude a su tartamudeo. En *Espejo* como el Caballero Blanco que, en un capítulo apropiadamente titulado *Es de mi propia invención*, acompaña a Alicia hasta que llega a ser reina, o sea, hasta la madurez, para alejarse luego lleno de tristeza. Otros personajes que aparecen en ambos libros son Reyes y Reinas, el Sombrerero Loco y Dina, el gato de las hermanas Liddell (que al final se descubre que era Humpty Dumpty, así como los dos gatitos, uno blanco y el otro negro, con los que se abre y se cierra la historia, eran las dos Reinas: por esto los poemas de *Espejo* hablan siempre de pescado).

ESPEJO, ESPEJITO DE MIS TRAMAS

Las aventuras de *Alicia en el país de las maravillas* comienzan con una interminable caída libre en la madriguera del Conejo, y la niña se pregunta, curiosa, si alcanzará el centro de la tierra, o incluso a aquellos «antipáticos» que están al otro extremo. Si la pregunta, nada insensata, la había planteado ya Plutarco, la respuesta, nada obvia, la había dado ya Galileo en su *Diálogo sobre los dos máximos sistemas*: desde un punto de vista puramente dinámico, e ignorando los roces y la rotación (por ejemplo, suponiendo que el agujero conectase los dos polos), Alicia caería con aceleración decreciente pero velocidad creciente hasta el centro de la tierra, donde alcanzaría la aceleración cero, y luego seguiría cayendo con velocidad decreciente hasta los antípodas, ¡que alcanzaría, a velocidad cero, al cabo de casi 42 minutos! Entonces, una vez llegada a la otra parte volvería a caer «para arriba», con un movimiento oscilatorio que haría que bajara y subiera eternamente, como si estuviese atada a un elástico. De lo contrario, en presencia de roce la oscilación se atenuaría y, tarde o temprano, uno terminaría por detenerse en el centro de la tierra.

Alicia no entiende las paradójicas leyes de un mundo en caída libre: después de haber tomado un tarrito de mermelada y de haberse dado cuenta de que estaba vacío, lo deposita inmediatamente en un platito porque teme que, dejándolo caer, podría herir a alguien, sin sospechar que el tarrito la seguiría a su misma velocidad. Carroll, en cambio, comprendía tan bien aquellas leyes que llegó a anticipar, en el Capítulo VIII de *Silvia y Bruno*, una versión del conocido experimento del ascensor popularizado por Einstein en su exposición de la relatividad, y a preguntarse cómo se podría tomar el té en una casa en caída libre: un problema que se ha vuelto de apremiante actualidad en las modernas astronaves.

Carroll retoma el problema de la caída libre en la segunda parte de *Silvia y Bruno*, donde el profesor Mein Herr inventa un tren gravitacional que aprovecha sólo la atracción terrestre y va de una ciudad a otra a lo largo de un túnel que las relaciona en línea recta: tomando velocidad en la primera mitad del recorrido, en bajada, y aprovechando la carrerilla en la segunda mitad, en subida, el tren emplea para el viaje 42 minutos, independientemente de la distancia de las ciudades (en el caso de dos antípodas, se vuelve al caso precedente).

Las aventuras de *Alicia* continúan con una serie de repentinas expansiones y contracciones, que la niña soporta sin aparente malestar fisiológico. La cosa tiene poco sentido desde un punto de vista científico, dado que ya Galileo había notado, esta vez en las *Consideraciones y demostraciones sobre dos nuevas ciencias relacionadas con la mecánica*, que las leyes de la física no son, en absoluto, invariantes a cambios de escala: por ejemplo, si un perro aumentase, aunque sólo fuera tres veces, sus dimensiones, sería menester rediseñar completamente sus huesos (cosa que Galileo hace diligentemente), y no podrían aumentarse sólo en proporción al resto del cuerpo. La pobre Alicia habría debido colapsarse bajo su propio peso, saliendo malparada de sus aventuras (o, más simplemente, habría podido deducir que estaba soñando).

Las aventuras de *A través del espejo* introducen, en cambio, un problema complementario, de invariancia respecto a la reflexión especular. Que esta vez Alicia no esté ella misma invertida, lo demuestra el hecho de que para leer el poema *Jabberwocky* debe, a su vez, reflejarlo en un espejo. Por un lado, eso es obvio: una Alicia del revés en un mundo del revés no se habría dado cuenta de nada. Por el otro, eso es imposible: como veremos, una Alicia no del revés en un mundo del revés no habría podido sobrevivir demasiado.

Dado que las diferencias del mundo especular son más vistosas a nivel macroscópico, es sobre éstas que Carroll se concentra. La más significativa es, claramente, el intercambio entre derecha e izquierda, al que alude, por ejemplo, la canción del Caballero Blanco («o me empeño en calzarme salvajemente el pie derecho en el zapato izquierdo»). El intercambio también puede obtenerse sin espejo, pasando a través de una cuarta dimensión, de la misma manera que se refleja una figura en el plano pasando a través del espacio. Así lo hicieron primero Herbert Wells en *La historia de Plattner*, y luego Ludwig Wittgenstein en el *Tractatus logico-philosophicus*, para resolver el problema planteado por Immanuel Kant en los *Prolegómenos a toda metafísica futura*: ¿cómo lograr que la mano izquierda entre en un guante derecho? Queriendo, de lo contrario, quedarse con igual número de dimensiones, basta dar la vuelta alrededor de una *banda de Möbius*, que se obtiene encolando entre sí los lados cortos de una tira de papel rectangular, después de haberla hecho rotar de media vuelta: el procedimiento está descrito en el Capítulo VII de *Silvia y Bruno* por el profesor Mein Herr.[3]

En el mismo capítulo, el profesor cuenta también cómo obtener el *plano proyectivo*, que no tiene ni interior ni exterior: como todo lo que está fuera está también dentro, Carroll lo denomina Bolsa de Fortunatus.

Descendiendo del nivel macroscópico al nivel microscópico, la ecuación de Schrödinger demuestra que toda molécula puede existir de dos formas (denominadas estereoisómeros) que son una la imagen especular de la otra: por ejemplo, existen dos tipos de azúcar, llamados precisamente dextrosa y levulosa; y existen dos tipos de morfinas, uno de los cuales es, sin embargo, completamente innocuo. La vida privilegia moléculas, aminoácidos y ADN levógiros –de izquierdas– respecto a las moléculas dextrógiras –de derechas–, sin aparentes motivos ni a favor de esta elección, ni en contra de la elección opuesta. Probablemente, se trata del resultado de un proceso evolutivo que, a partir de un casual comienzo levógiro, se ha ido imponiendo lentamente y desprestigiando la alternativa dextrógira. Alicia duda, antes de pasar a través del espejo, que «a lo mejor la leche especular no es buena para beber», y tiene razón: no sólo tendría un gusto distinto sino que probablemente no sería siquiera asimilable. Desde luego, en un mundo de moléculas dextrosas uno se moriría de hambre enseguida.

La pequeña no parece, en cambio, preocuparse de cómo el mundo especular aparece a nivel (sub)atómico: justamente, porque a este nivel hay dificultades objetivas para darse cuenta de haber atravesado el espejo. Ningún fenómeno gravitacional, electromagnético o nuclear fuerte (o sea, relativo a la cohesión de las partículas en los átomos) permite, en realidad, descubrir diferencia alguna entre derecha e izquierda. En 1956, los físicos chinos Lee Tsung Dao y Yang Chen Ning descubrieron, sin embargo, que una influencia de este tipo existe a nivel de los fenómenos nucleares débiles (o sea, de la decadencia radioactiva): un descubrimiento que les valió el premio Nobel en 1957. Un ejemplo típico de fenómeno no especular es el sentido, rigurosamente antihorario respecto a la dirección del movimiento, de la rotación (denominada espín) de los neutrinos: así Alicia habría debido verlos rotar en la dirección de las agujas del reloj.

Si, por contra, no se hubiese percatado de nada, ¡habría pasado grandes apuros! La única transformación conocida que deja invariadas todas las leyes físicas es, en efecto, una triple inversión simultánea denominada CPT (carga-paridad-tiempo), en la cual se intercambian entre sí el positivo y el negativo, la derecha y la izquierda, y el pasado y el futuro: en concreto, además de reflejar las cosas en un espejo, hay también que invertir todas las cargas y hacer que gire para atrás toda la película de los acontecimientos. Un mundo de este tipo estaría formado de *antimateria*, y en él Alicia se vería inmediatamente aniquilada.[4] Muchos indicios hacen suponer, sin embargo, que era precisamente este tipo de inversión global la que Carroll tenía en mente: la Reina Blanca se acuerda del futuro, el Sombrerero Loco está en la cárcel por un crimen que aún no ha cometido, el León y el Unicornio distribuyen trozos de tarta antes de cortarla, ...

Carroll describió más explícitamente la inversión temporal en el Capítulo XXIII de *Silvia y Bruno*, en el cual se encuentra uno de los primeros ejemplos de *máquina del tiempo* de la literatura fantástica, posterior solamente de un año a la homónima novela de Wells: moviendo las agujas del reloj del Profesor es posible hacer que el tiempo transcurra hacia atrás. La descripción de los eventos al contrario es una auténtica maravilla, que anticipa de un siglo el *Viaje a la Semilla* de Alejo Carpentier.[5]

LITTERATURA

Más allá de los episodios fantásticos de los que están repletos, los libros de Alicia contienen maravillosos ejemplos lingüísticos y lógicos de *nonsense* (sinsentido), que se puede entender de dos formas complementarias: un uso aparentemente sensato de palabras insensatas y un uso aparentemente insensato de palabras sensatas. La calificación de «aparente» es crucial: aunque el sinsentido se entiende, a menudo, como *falta* de sentido, en

4. La antimateria, aparte el nombre, no tiene nada de ciencia ficción, y se define precisamente como la inversión CPT. Por ejemplo, la antipartícula de un electrón (denominada positrón) posee carga positiva, gira sobre sí misma en el sentido de las agujas del reloj y se desplaza del futuro al pasado. Cuando una partícula encuentra una antipartícula de su clase, las dos se anulan recíprocamente: o, si se prefiere, ambas son la misma partícula que, en el momento de la aniquilación, invierte su dirección temporal y vuelve atrás en el tiempo. Probablemente, la materia ha predominado sobre la antimateria de manera análoga al proceso que privilegió las moléculas levógiras respecto a las moléculas dextrógiras.

5. Otro reloj memorable es el del Sombrero Loco, que marca el día pero no la hora, y se unta con mantequilla y se moja en el té.

realidad sólo es *negación* de sentido, y presupone, pues, su presencia. El malentendido deriva, en parte, de las dificultades de traducción, por las que muchos juegos de palabras se pierden y el resultado es, a menudo, simplemente insensato o demencial: categorías, éstas, que en cambio son lo exacto contrario del sinsentido.

Así pues, para dar un ejemplo al respecto, en el capítulo IX de *Alicia* la Duquesa sentencia: «Cuídate del sentido, que las palabras se cuidarán de sí mismas». La apariencia es perfectamente sensata, incluso demasiado: «las palabras vienen automáticamente, si se tiene algo que decir». Pero la sustancia es un sinsentido obtenido magistralmente, gracias al trabucado de dos «p» en dos «s» en el proverbio inglés

take care of the pence, and the pounds will take care of themselves,

«cuida los céntimos, que las libras se cuidarán de sí mismas», que se convierte en

take care of the sense, and the sounds will take care of themselves.

No obstante, hasta para quien sepa la lengua original el *nonsense* es, a menudo, difícil de comprender, porque depende de muchos otros factores: de las referencias culturales inglesas a las expresiones de la Oxford victoriana, de los juegos de los niños a los versos de moda que se parodian constantemente, de una manera que hoy día se nos antoja a menudo incomprensible. Por ejemplo, las expresiones «mueca de un gato de Cheshire», «loco como un sombrerero» o «loco como una liebre de marzo» eran habituales en su tiempo, y de ellas derivan tres conocidos personajes de *Alicia*.[6] Otros personajes, por ejemplo, Tweedledum y Tweedledee, Humpty Dumpty, el León y el Unicornio, están tomados, en cambio, directamente de rimas infantiles.

6. El origen de la primera expresión es desconocido. La segunda deriva del hecho de que los sombrereros empleaban preparados con mercurio que terminaban por intoxicarlos, provocándoles temblores, molestias de la vista y la palabra, y por último alucinaciones y síntomas psicóticos. La tercera alude a la excitación de las liebres en su periodo de celo, que cae precisamente en marzo.

Incluso en los casos en los que no haya problemas de comprensión, de todas maneras pueden encontrarse al mismo tiempo aspectos de los cuales sólo una parte se mantenga. Un caso típico es la *palabra-maleta*, definida por Humpty Dumpty como «dos significados que envuelven a la misma palabra», que en italiano se denomina también *cerniera* y en español podemos traducir como *bisagra*. En el prefacio al *Snark*, Carroll sostiene que una bisagra es el resultado del intento de una mente ecuánime de pronunciar dos palabras en una secuencia inmediata, aunque sin decidir en qué orden.

Uno de los ejemplos más conocidos de bisagra es precisamente *snark*, que deriva de *snail* y *shark*. En italiano, se traduce frecuentemente con «snualo», privilegiando el aspecto sintáctico (el cambio de una sola letra en «squalo» –tiburón–), mas así se pierde completamente el aspecto semántico (la conmistión de los dos significados de «caracol» y «tiburón»), que estaría mejor traducido con «lumalo», que correspondería a «cararón».

Otro ejemplo genial se encuentra en el prefacio a *Silvia y Bruno*: *litterature* (de *litter*, «basura). Esta vez, por un azar (des)afortunado, la cosa funciona aún mejor en italiano, igual que en castellano, ¡porque no es necesario cambiar siquiera una letra para interpretar «literatura» como bisagra de «literatura» y «basura»! Obviamente, la *litteratura* es precisamente lo contrario de la *reducción al mínimo común múltiplo* propuesto en el Capítulo II del mismo libro: mantener, de cada idea, sólo la recurrencia a la máxima potencia (y provocar un colapso del mundo editorial).

La literatura moderna, de Edward Lear[7] a Gertrude Stein, de los dadaístas a los futuristas, ha utilizado sinsentidos y bisagras con profusión. No obstante, fue Joyce quien de manera especial se inspiró intensamente, por no decir desmesuradamente, en Carroll, en concreto en *Finnegans Wake*, la obra nocturna y de sueño que es al *Ulises*, diurno y de vigilia, como la primera novela de Carroll es a la última. En efecto, si *Alicia*

7. Lear es, junto a Carroll, el otro gran exponente del sinsentido victoriano inglés. Su *Book of nonsense* (Libro del nonsense) es de 1846, anterior, pues, a Alicia. Su especialidad fueron los *limericks*, poemas en rima de cinco versos.

se desarrolla en el sueño pero empieza y termina en la realidad, en *Silvia y Bruno* sucede lo contrario: el comienzo y el final son claramente irreales, mientras que el desarrollo es un continuo y, a menudo, imperceptible, ir y venir entre los dos niveles (que se llaman *England* y *Outland*, «dentro» y «fuera»). *Silvia y Bruno* y *Finnegans* empiezan ambos, incluso, con una frase a medias: respectivamente, *and then all the people cheered again*, «y entonces todos exultaron de nuevo», y *riverrun, past Eve and Adam's*, «el curso del río, más allá de [la iglesia] de Eva y Adán».

Naturalmente, la relación entre Carroll y Joyce es directa y causal, y ahonda sus raíces sobre todo en el episodio de Humpty Dumpty, el huevo cósmico cuya caída sacude la selva, y que declara «soy capaz de explicar el significado de cuantos poemas se hayan inventado y también el de otros muchos que aún no se han inventado». Función, ésta, de lo más útil para obras como *Finnegans Wake*, que no por casualidad alude al personaje de diferentes maneras. Por ejemplo, empezando con una caída, llamando Humphrey al protagonista y rehaciéndose al nombre de Humpty Dumpty explícitamente desde la primera página, en dos palabras-monstruo (*humptyhillhead* y *tumptytumtoes*), e implícitamente en el séptimo de los diez ensordecedores rombos de 100 letras que constituyen la banda sonora de la caída (*bothallchoractorschumminaroundgansumuminarumdrumstrumtrumina*humpt*a*dump*waulto-poofoolooderamaunsturnup*).

En cuanto a las explicaciones que el nominalista Humpty Dumpty está, efectivamente, en condiciones de exhibir, no parece que sean pues tan perspicaces, visto que se basan en el principio: «Cuando *yo* uso una palabra, quiere decir lo que yo quiero que diga..., ni más ni menos». Y cuando luego Alicia le rebate que «la cuestión es si se *puede* hacer que las palabras signifiquen tantas cosas diferentes», Humpty Dumpty responde: «La cuestión es saber quién es el que manda..., eso es todo».

Y no parece que Carroll bromee, esta vez, visto que en *La lógica simbólica* repite seriamente la misma postura: «cualquier escritor de un libro está perfectamente autorizado para atribuir el significado que quiera a cualquier palabra o frase que pretenda usar». En cuanto a la relación entre poder y sinsentido, he aquí un intercambio diacrónico pero literal,[8] entre el presidente Clinton y el Ratón del Capítulo III de *Alicia*, por ironía de la suerte titulado «Una carrera en comité»:

Clinton: *It all depends on what the meaning of* is *is.*
El Ratón: *Of course you know what* is *means.*

Clinton: Todo depende de cuál sea el significado de *es*.
El Ratón: Naturalmente tú sabes bien cuál es el significado de *es*.

Las explicaciones de Humpty Dumpty se refieren a *Jabberwocky*, el primer poema del *Espejo*, acaso el más famoso ejemplo de *nonsense* inglés, que logra perfectamente amalgamar entre sí palabras comunes e inventadas en una ilusión de aparente estructura. La primera estrofa es, en realidad, una composición juvenil de 1855:

'Twas brillig, and the slithy toves
Dig gyre and gimble in the wabe:
All mimsy were the borogoves,
And the mome raths outgrabe.[9]

Después de haber leído la composición, Alicia no puede más que comentar: «Es como si me llenara la cabeza de ideas, ¡sólo que no sabría decir cuáles son!». Martin Gardner la comparó a la pintura abstracta y Arthur Eddington a la matemática moderna: en ambos casos «se usa no se sabe qué, para hacer no se sabe qué».

Naturalmente, *Jabberwocky* es el mejor contraejemplo al revés del consejo de la Duquesa, y demuestra que no basta con cuidarse de los sonidos para que el sentido se cuide de sí mismo (Perec decía, en cambio: *je ne pense pas, je cherche des mots*, «yo no pienso, busco palabras»). Precisamente por esto, sería insensato que-

8. Aparte una «t» cambiada en «s» en la respuesta al Ratón.
9. Ésta es la versión castellana dada por el traductor Jaime de Ojeda: Brillaba, brumeando negro, el sol; / agiliscosos giroscaban los limazones / banerrando por las váparas lejanas; / mimosos se fruncían los borogobios / mientras el momio rantas murgiflaba.

rer buscar explicaciones a toda costa, y también las traducciones conllevan riesgos:[10] como mucho, se pueden tratar de reproducir las intenciones del autor y reconstruirlo todo, como hizo Umberto Eco con los *Ejercicios de estilo* de Raymond Queneau. O, alternativamente, se puede hacer una parodia: cosa puntualmente intentada (y lograda) por el conocido autor de ciencia ficción Fredrick Brown en *La noche de Jabberwocky*, una novela en la cual se descubre que las fantasías de Carroll no son tales en absoluto y que narran, en cambio, otro nivel de realidad.

Carroll inventó otro famoso ejemplo de lenguaje artificial en el Capítulo XIII de *Silvia y Bruno*, el denominado *Doggee* o «perrés», que va a colocarse al lado del lenguaje de los Houyhnhnms de la Parte IV de los *Viajes de Gulliver* de Jonathan Swift.[11] Un estudio hilarante del «perrés» fue realizado por Queneau, en un ensayo recogido en *Bâtons, chiffres et lettres* (Palotes, cifras y letras), partiendo de las dieciocho palabras presentes en el texto de Carroll (en el texto de Swift las palabras son diecisiete). La fonética comporta dos consonantes (B y H), dos semivocales (Y y W) y dos vocales (A y O). La sintaxis presenta particularidades típicas del inglés, en especial en la forma interrogativa. La gramática es semejante a la china, porque no tiene ni declinaciones ni conjugaciones. El aspecto más interesante es la existencia de un verbo *wooh*, «no-ser», distinto del verbo *hah*, «ser».

Famosa como *Jabberwocky* es *The mouse's tale*, «La historia del ratón» del Capítulo III de *Alicia*: jugando con la asonancia entre *tale* y *tail* («historia» y «cola»), el poema tiene justamente el aspecto de una cola. En este caso, sin embargo, no se puede afirmar que Carroll desempeñe un papel de precursor: la poesía figurada, en la que la estructura visiva se rehace al contenido, es vieja como el mundo, y su apasionante historia fue narrada en *La parola dipinta* (La palabra pintada) de Giovanni Pozzi (quien, como

10. Por ejemplo, *Jabberwocky* ha sido traducido en castellano de varias maneras: Chacaloco, El Dragobán, Galimatazo, Blablablazo...

11. Los libros de *Gulliver* y *Alicia* son ejemplos típicos de un tiempo pasado en el que los niños leían libros para adultos. *El mundo de Sofía* de Jostein Gaarder y *El diablo de los números* de Hans Magnus Enzensberger son, en cambio, ejemplos típicos del tiempo presente en el que los adultos leen libros para niños.

Carroll, es un religioso: en este caso, fraile capuchino). Después de los *Calligrammes* de Guillaume Apollinaire (1918) este tipo de cosas se denomina precisamente «caligrama», y actualmente la publicidad abusa a menudo de él.

Más original es, en cambio, el sinsentido gramatical de los dos versos de la canción *Turtle Soup*, «Sopa de tortuga», del Capítulo X de *Alicia*:

who would not give all else for two p
ennyworth only of Beautiful Soup?

¿Quién no daría cuanto poseyera
por dos perras gordas de Bella Sopa?

Cortar una palabra por la mitad para cambiar de renglón, entre otras cosas sin respetar siquiera la división silábica, como, en cambio, había hecho Dante en el siguiente verso del *Paraíso* (XXIV, 16):

Così quelle carole, differente-
mente danzando

De igual modo los corros, diferente-
mente danzando

se ha convertido en habitual en la poesía contemporánea, de e.e. cummings, por ejemplo.

SILOGISMOS

La otra cara del sinsentido lingüístico es el sinsentido lógico, que ya hemos definido como un uso aparentemente insensato de palabras sensatas. A saber, algo de lo que podemos decir, como Alicia durante el té de los locos: «sin duda es mi lengua, pero no acabo de comprenderla». Dodgson también era profesor de lógica, y desde luego Carroll pudo diseminar, en sus obras literarias, sinsentidos y sutilezas que recorren todo su campo.

Una auténtica lección sobre los *nombres* la imparte el Caballero Blanco, que canta la canción *Posado sobre una cerca*, que lleva el nombre de *Un anciano viejo viejo*, que lleva el nombre de *Ojos de Bacalao*: de este modo se distinguen tres niveles: el de la cosa (semántico), el del nombre de la cosa (sintáctico), y el del nombre del nombre (metalingüístico). Por si fuera poco, la canción se llama *De esto y de aquello*: además de los nombres, existen de hecho también los sobrenombres. En realidad, también *Posado sobre una cerca* no es más que un nombre, porque la auténtica canción puede ser sólo cantada o escuchada: lo cual demuestra cómo todas las distinciones son, en realidad, estratificaciones del lenguaje, y que jamás llegan a afectar al mundo real. Por ello el Mosquito del Capítulo III de *Espejo* pregunta a Alicia, jugando con el doble significado del verbo: «¿De qué sirve que las cosas tengan nombres, si no responden cuando las llaman?», y la introduce en el bosque de las cosas sin nombre, que no son más que las cosas-en-sí, con independencia de la persona que las nombra.

Entre todos los *conectores* lógicos, las partículas que relacionan entre sí las frases del discurso, la más sutil y traicionera es, sin duda, la negación, y Carroll insiste precisamente en ella. Por ejemplo, cuando Alicia dice que no recuerda, la Oruga le pregunta *qué* cosas no recuerda, y cuando Silvia dice que no ha tomado el pelo a Bruno, el profesor le pregunta a *quién* ha tomado, pues, el pelo. En otra dirección, Humpty Dumpty sugiere a Alicia que pida regalos de no-cumpleaños, que tienen la ventaja de poder ser dados 364 días al año.

La combinación de negación y disyunción permite la formulación del clásico teorema del *tercer excluido*, cuyas aplicaciones fuera de la lógica suenan como sinsentido siendo, incluso, correctas. Queriendo continuar con otro ejemplo de Carroll, cada vez que el Caballero Blanco canta su canción, resulta que, a quien le escucha, «o se le han saltado las lágrimas a los ojos; o si no no se les ha saltado nada».

Además de los conectores, la lógica trata de los *cuantificadores*, o sea, de palabras como «todos», «alguien» y «nadie». La típica falacia, sobre la cual ya había jugado Homero en la *Odisea*, consiste en emplear la tercera palabra como si fuese las dos primeras, y Carroll la aprovecha sabiamente en el episodio del Mensajero Anglosajón, del Capítulo VII del *Espejo*. El Rey Blanco le pregunta a Alicia si ve a alguien por el camino y ella le responde que no; el Rey le envidia su buena vista, que logra ver a Nadie: él a duras penas logra ver a alguien. Cuando después llega el Mensajero, el Rey le pregunta si ha adelantado a alguien durante el viaje, él contesta que no, y el Rey confirma que Alicia también ha visto a Nadie, y que, por lo tanto, Nadie viaja más despacio. El Mensajero se enoja y dice que, al contrario, nadie viaja más rápido, pero el Rey replica que si fuese así, Nadie habría llegado antes.

El auténtico banco de prueba de la lógica es, naturalmente, la deducción, y el típico argumento clásico es el *silogismo*, que de dos premisas deduce una conclusión. En *Silvia y Bruno*, jugando con la asonancia, Carroll define el *sillygism* (de *silly*, «bobo») como el procedimiento que de dos *prim misses*, «solemnes errores», produce una *delusion*, un «planchazo». *Alicia* y *Espejo* contienen maravillosos ejemplos de este procedimiento, entre otros:

Would you tell me, please, which way I ought to go from here?
That depends a good deal on where you want to get to.
I don't much care where...
Then it does not matter which way you go.
... so long as I get somewhere.
Oh, you're sure to do that, if you only walk long enough.

¿Me podrías indicar, por favor, hacia dónde tengo que ir desde aquí?
Eso depende de adonde quieras llegar.
A mí no me importa demasiado adonde...
En ese caso, da igual hacia adonde vayas.
... siempre que llegue a *alguna parte*.
¡Oh! Siempre llegarás a alguna parte, si caminas lo bastante. (el Gato)

Take some more tea.
I've had nothing yet, so I can't take more.
You mean you can't less. *It's very easy to take* more *than nothing.*

Sírvete un poco más de té.
¡Si todavía no he tomado nada, de forma que no podría tomar *más*.
Querrás decir que no podrías tomar *menos*; siempre es más fácil tomar *más* que nada. (la Liebre de Marzo)

Did you ever see such a thing?
I don't think.
Then you shouldn't talk.

¿Habéis visto acaso algo tan impresionante?
No *pienso...*
¡Entonces no hables! (el Sombrerero Loco)

Never imagine yourself to be otherwise than what it might appear to others that what you were or might have been was not otherwise than you had been would have appeared to them to be otherwise.

Nunca te imagines ser diferente de lo que a los demás pudieras parecer o hubieses parecido que fueras si les hubieres o hubieses parecido que no fueras lo que eres. (la Duquesa)

If it was so, it migh be; and if it were so, it would be; but as it isn't, it ain't.

Si hubiese sido así, entonces lo sería; y siéndolo, quizá lo fuera; pero como no fue así tampoco lo es asá. (Tweedledee)

The rule is, jam tomorrow and jam yesterday, but never jam today.
It's jam every other *day: today isn't any* other *day.*

La regla es: mermelada mañana y ayer, pero nunca mermelada *hoy*.
Ha de ser mermelada un día sí y otro no: y *hoy* nunca puede ser *otro* día. (la Reina Blanca)

How old did you say you were?
Seven years and six months.

Wrong! You never said a word like it!
I thought you meant 'How old are you?'
If I'd meant that, I'd have said it.

¿Qué edad me dijiste que tenías?
Siete años y seis meses.
¡Te equivocaste! ¡Nunca me dijiste nada semejante!
Pensé que lo que usted quería preguntarme era más bien «¿qué edad tienes?».
Si hubiera querido decir eso, lo habría dicho. (Humpty Dumpty)

El paso sucesivo al silogismo es lo que los budistas zen denominan *koan*, y que Alicia define como «una adivinanza sin respuesta». Está reaccionando a una afirmación de la Reina Roja al final del *Espejo*, según la cual en invierno es mejor tener cinco noches juntas, porque son cinco veces más calurosas que una sola (pero, nota la niña, también cinco veces más frías). Los mejores *koan* de *Alicia* son, quizás, la llama de una vela que se ha consumido, y la sonrisa del Gato de Cheshire que se ha esfumado.

Si los silogismos y los koan son análogos al *nonsense*, entonces las *contradicciones* son análogas a la insensatez. Aunque el pensamiento racional trate de reprimirlas por completo, la creencia popular parece convivir pacíficamente con ellas, cuando no llega incluso a abrazarlas abiertamente, como en la política o en la religión, según la máxima de Tertuliano: *credo quia absurdum*, «creo porque es absurdo». En el *Espejo* Alicia considera, ingenuamente, que no se pueden creer cosas imposibles, pero la Reina Blanca le explica que es sólo una cuestión de ejercicio: «Cuando yo tenía tu edad, siempre solía hacerlo durante media hora cada día. ¡Como que a veces llegué hasta a creer en seis cosas imposibles antes del desayuno!». Parafraseando a John von Neumann, que se refería a la matemática en general, se podría, pues, decir que «las contradicciones no se entienden, pero que uno se acostumbra a ellas».

¿QUIÉN HA SOÑADO?

Una buena parte de los sinsentidos lógicos consiste en tomar las proposiciones demasiado literalmente, o bien demasiado poco: o sea, en imitar los síntomas de la hebefrenia y de la paranoia. Existe, por tanto, una relación entre salud mental y capacidad lingüística, que el Gato de Cheshire hace explícita cuando, a Alicia que le dice, «Pero es que a mí no me gusta estar entre locos», le responde, «Eso sí que no lo puedes evitar; todos estamos locos aquí. Yo estoy loco; tú también lo estás. Has de estarlo a la fuerza, de lo contrario no habrías venido aquí».

La locura es una constante que se encuentra en muchos de los personajes con los que Alicia se cruza, y Carroll consideraba que una de sus manifestaciones consistía en no saber distinguir entre sueño y realidad. No asombra, por tanto, descubrir en esta (falta de) distinción uno de los hilos conductores de las aventuras de Alicia.

En el primer libro, los dos aspectos se mantienen netamente separados: al final Alicia se despierta, descubre que ha soñado, y le cuenta el sueño a su hermana, aunque, a su vez, ésta se duerme inmediatamente, y sueña con Alicia que sueña su sueño.

En el segundo libro la distinción entre los dos niveles es más borrosa. El Rey Rojo se queda dormido durante toda la partida, sin darse cuenta de nada, y Tweedledum y Tweedledee sostienen que la historia entera es, solamente, un sueño suyo. Cuando Alicia se despierta, se encuentra de nuevo en la condición de la mariposa de Chuang-Tzu: ¿quién de los dos ha soñado con el otro? Carroll delega en el lector la respuesta, aunque en el último verso del poema final parece despejar las dudas, declarando: *life, what is it but a dream*?, «la vida, acaso, ¿no es más que un sueño?».

Si esta es la conclusión, entonces el sinsentido que impregna las aventuras de Alicia es la verdadera condición humana, y la búsqueda del sentido de la vida es una empresa imposible. Lo cual no convierte, sin embargo, en necesariamente desesperada la existencia. Enseña, en efecto, el Rey de Corazones: «si no tiene sentido, eso nos evitará muchas preocupaciones, pues, como es lógico, no tendremos nada que averiguar». Lo cual confirma que, como dice la Duquesa: «todo tiene su moraleja, si sabe uno descubrirla».

3. La lógica de Hesse

Hermann Hesse (1877-1962) es un escritor que ha despertado y sigue despertando impresiones fuertemente divergentes: grandes ventas (80 millones de ejemplares), grandes honores (el premio Nobel en 1946), gran aprecio (por parte de Thomas Mann, André Gide y Thomas Eliot, premios Nobel en 1929, 1947 y 1948), y grandes críticas (que estigmatizan de «kitsch» su estilo, y de «escandaloso» su éxito).

Entonces, surge espontánea una pregunta, ¿cómo es que, por un lado, Hesse es amado por el público juvenil, por otro estimado por venerables escritores, pero, en medio, desdeñado por varios críticos? La respuesta hay que buscarla, obviamente, en su obra, e incluso un examen sumario como el que sigue, limitado a sus posturas sobre la escuela, el Oriente, la civilización tecnológica, la política cultural y la ciencia, será suficiente para hallarla y demostrarla: Hesse combate ferozmente el sistema cultural occidental, y es, pues, un adversario de quienes de aquel sistema son, objetiva o subjetivamente, aliados, y un aliado de quienes de aquel sistema son, generacional o ideológicamente, adversarios.

LA ESCUELA

La educación de Hesse en el seminario de Maulbronn fue tan traumática que a sus quince años ya huyó de allí al cabo de siete meses, trató de suicidarse y fue recluido en diferentes clínicas u hospicios, desde los cuales escribió lancinantes cartas a sus padres. Posteriormente narraría cómo la escuela puede destrozar una personalidad y una vida, en su segunda novela *Bajo las ruedas*,[1] publicada en 1906, el mismo año que *Las tribulaciones del estudiante Törless* de Robert Musil (otro devastador relato de 'educación').

En opinión de Hesse, «la escuela debe destrozar al hombre natural, vencerlo y limitarlo con la violencia: su finalidad es hacer de él un miembro de la sociedad, según los principios sancionados por el estado, y suscitar en él aquellas cualidades cuyo perfeccionamiento se coronará más adelante por la esmerada disciplina de los cuarteles». La misión confiada por las autoridades al maestro es «domar y aniquilar las brutas energías naturales y los deseos de los muchachos, para, en su lugar, sembrar ideales tranquilos, moderados y reconocidos oficialmente».

Aún en 1919, en *Demian*, Hesse escribirá que «de escuela en escuela, se repite el espectáculo de la lucha entre el espíritu y la ley, y nosotros vemos continuamente a la escuela y al estado que se afanan extirpando de raíz las pocas inteligencias profundas, de auténtico valor, que despuntan todos los años. Y son siempre los odiados por los maestros, aquellos a quienes se castiga más a menudo, aquellos que se escapan, o aquellos a quienes se expulsa de la escuela, los que enriquecen el patrimonio espiritual de nuestro pueblo».

No sorprende que, después de semejantes inicios y con semejantes sentimientos, Hesse abandonara la escuela a 17 años, acabada la enseñanza media. Después de un año de aprendiz en una fábrica de relojes para campanarios, trabajó ocho años de librero, dedicándose 'a la forma externa' de los libros durante la jornada laboral, y 'a su interior' durante el resto del tiempo. De esta manera se formó como autodidacta, de forma orgullosamente asistemática, y dejó una huella evidente de su cultura atípica en la *Biblioteca de la literatura universal*.

A lo largo de sus años de vejez, con los trastornos de la adolescencia ya lejanos, Hesse propone su modelo de sociedad bajo forma de utopía, en *El juego de abalorios*. Ahora puede distinguir entre *educación* («la lucha con la personalidad de los estudiantes,

1. Representaciones menos emotivas de la educación de un joven se encuentran en *Demian* y *Animo infantile*, ambas de 1919.

la adquisición y el ejercicio de la autoridad») y *enseñanza* («el placer que nos llega de trasplantar conquistas espirituales nuestras en otras mentes y verlas transformarse en irradiaciones completamente nuevas»). Él ve ahora el peligro para los ingenios sin guía, recordando las «jóvenes naturalezas faustianas que a toda vela navegaban por la alta mar de las ciencias y de la libertad académica y tuvieron que soportar todos los naufragios de un diletantismo desenfrenado». Y descubre, asimismo, un peligro distinto *en los* talentos que son capaces de destacar, pero no de servir, recordando al docente que «su primer deber sería, justamente, el de proteger a las ciencias y las artes de quien es sólo inteligente», y que a menudo «se ha visto el asalto de las meras inteligencias a la dirección de los ayuntamientos, de las escuelas, de las academias y de los estados, y se han visto todos los cargos en manos de personas de talento, todas las cuales, sin embargo, querían gobernar sin saber servir».

EL ORIENTE

Parece ser que la novela más famosa de Hesse es *Siddhartha,* de la que sólo en los *Oscar* Mondadori se han vendido más de un millón de ejemplares.[2] La aparente ambientación india de un libro tan difundido ha contribuido a formar el prejuicio de que Hesse es un autor orientalizante (y 'kitsch'). En realidad, si exceptuamos unos pocos relatos breves menores, el Oriente aparece explícitamente en su obra narrativa seria solamente en *Siddhartha* y en «Una vida india» (capítulo final de *El juego de abalorios*). Pero la cuestión es que se trata de una aparición puramente simbólica.

Ante todo, aunque lo hubiese querido, Hesse no habría podido hablar del Oriente físico con conocimiento de los lugares: hizo un solo viaje, del 4 de septiembre al 11 de diciembre de 1911, y

2. Entre paréntesis, su editor alemán Siegfried Unseld cuenta en *L'autore e il suo editore,* (Adelphi, 1988) que Hesse se opuso siempre a las ediciones de bolsillo de sus libros, consideradas 'liquidaciones' (con buena paz de los *Oscar*). [n.d.t.: El autor alude a una conocida colección de bolsillo de la editorial italiana Mondadori.]

visitó Indonesia y Ceilán, pero ni la India ni China. Además, lo que vio en la parte del Oriente que visitó lo defraudó profundamente, como contó explícitamente en sus memorias *Desde la India*: «su religión es ordinaria, corrompida, exteriorizada, embrutecida», «una idolatría de especie verdaderamente rara en comparación con la cual incluso el catolicismo español parece de alguna manera espiritual», una «payasada», «una gigantesca estructura de mísera credulidad».

Ya durante el viaje físico Hesse tuvo bien claro su significado simbólico: «Asia no era un continente, sino un lugar bien definido y no obstante misterioso, en algún lugar entre la India y China. De allí habían surgido los pueblos y sus doctrinas y religiones, allí estaban las raíces de todo ser humano y el oscuro manantial de toda vida, allí se encontraban las imágenes de los dioses y las tablas de la ley».

A continuación, dicho significado se exaltará con la elección de un título como *El viaje al Oriente* para la narración de un viaje del que el Oriente físico está completamente ausente. Aquí Hesse precisa que «nuestro oriente no era sólo un país y una entidad geográfica, sino la patria y la juventud del alma, era el Por-todas-partes y el En-ningún-sitio, era la unificación de todos los tiempos»; y, en cuanto al viaje, éste se desarrollaba no «sólo a través de espacios, sino también de tiempos», y no era más «que una ola en la perpetua corriente de las almas, en la perpetua tendencia de los espíritus hacia la mañana, hacia la patria». El viaje asume, pues, un significado de regeneración espiritual, y Hesse le atribuye mucha importancia, hasta el punto que dedica su libro principal, *El juego de abalorios,* precisamente «a los peregrinos del Oriente».

La ambientación india de *Siddhartha* es, por tanto, puramente simbólica, a pesar de que los hippies lo llevasen en la mochila durante sus peregrinaciones hacia el Oriente real (puerta de entrada, en honor a la verdad, de muy otros viajes).[3] Pero, como

3. Por contraste, véase la utilización de *Siddhartha* en *Esperimento con l'India,* de Giorgio Manganelli (Adelphi, 1992): éste asoma una docena de veces en el capítulo introductorio sobre el viaje en avión hacia la India, pero se hunde en la primera página del sucesivo (sin volver a aparecer), apenas el autor desembarca.

Hesse ha explicado repetidas veces en sus ensayos recopilados en *Mi credo*, la elección del nombre indio y de la forma india no fueron casuales, puesto que él vivió la experiencia religiosa de dos maneras: «como hijo y nieto de pastores protestantes genuinamente devotos y como lector de las sagradas escrituras indias», y «parangonado con aquel cristianismo tan angosto, con aquellos versos dulzones, con aquellos curas y aquellos sermones, en general, tan aburridos, el mundo de la religión y de la poesía india se me presentaba, como es natural, mucho más seductor». Así, «en *Siddhartha* representé al hijo de un brahmán que busca su forma personal de religiosidad o de sabiduría saliendo de la tradición de su propia casta y de su propia religión».

Hesse subrayó cómo, además de ese aspecto autobiográfico, había en *Siddhartha* un «tentativo de compendiar mi [su] credo en un libro», y es, por tanto, en este credo que hay que concentrarse para comprender ese libro. Hesse lo describió en términos antioccidentales clarísimos: «Europa empieza a advertir, a través de bastantes signos de decadencia, que la unilateralidad de la propia cultura espiritual, ejercida hasta ahora de forma tan intensiva (y que se expresa con claridad máxima en la especialización científica) precisa una corrección, una renovación desde el polo opuesto».

Él, sin embargo, no se hizo ilusiones de poder hallar soluciones ya preparadas: «está claro que ninguna importación del Oriente puede resultarnos de ayuda, ningún retorno a la India o a China, y tampoco una huida hacia atrás, a algún cristianismo de formulación eclesiástica. Pero está claro igualmente que la salvación y la conservación de la cultura europea es posible sólo mediante un redescubrimiento [...] de un patrimonio espiritual común».

El Oriente en *Siddhartha* tiene, pues, la función de un cambio de perspectiva, que permite reencontrar significados universales de la existencia humana, al yo tal como lo «entiende quien lo busca, y con el cual todo el sistema del pensamiento extraeuropeo, a diferencia de la ciencia europea, está comprometido desde hace tres mil años».

LA CIVILIZACIÓN OCCIDENTAL

En toda su producción Hesse repite incesantemente su mantra contra el occidente, visto, según las circunstancias, como «la rumorosa feria anual de la técnica y de la ciencia» (*Demian*), «un mundo cegado por el dinero» (*El viaje al Oriente*), «lleno de absoluta miseria y de desesperación, lleno de locura y de suicidio, lleno de angustia y de terror» (*En el balneario*).

Es, sin embargo, en *El lobo estepario* donde estalla su repugnancia. Se lamenta de que es muy «difícil encontrar la huella divina en medio de la vida que conducimos, en este tiempo tan insatisfecho, tan burgués, tan privado de espíritu, a la vista de estas arquitecturas, de estas tiendas, de esta política, de estos hombres». Confiesa hallarse en «un mundo con el que no comparte ninguna meta, de cuyas alegrías no hay ninguna que le sea favorable», en el que «no resiste mucho ni en un teatro ni en un cine, casi no logra leer el periódico», que «no comprende qué placeres vayan a buscar los hombres en los ferrocarriles atestados y en los hoteles, en los cafés abarrotados donde suenan músicas asfixiantes e invasoras, en los bares y en los teatros de variedades de las elegantes ciudades de lujo, en las exposiciones mundiales, en las conferencias para los deseosos de cultura, en los grandes campos de deportes», que se siente un «animal extraviado en un mundo que le resulta extraño e incomprensible, que ya no encuentra la patria, el aire, la nutrición».

Desde el punto de vista interior, la condición inmanente en la humanidad occidental es la burguesía, a la cual Hesse dedica análisis de gran potencia. El burgués «no renunciará jamás a sí mismo, no se abandonará ni a la embriaguez ni a la ascesis, no será jamás un mártir, no cederá jamás a su propia anulación: al contrario, [...] quiere ser virtuoso pero también pasárselo bien, y cómodamente, en esta tierra. Trata, en fin, de instalarse a medio camino entre los extremos, en una zona templada y sana, sin borrascas o temporales, y lo consigue, pero renunciando a aquella intensidad de vida y de sentimiento que ofrece una vida dirigida a lo absoluto y lo extremo». «A expensas de la intensidad él obtiene, entonces, conservación y seguridad, en vez de obsesión divina recoge tranquilidad de espíritu, en vez de placer comodidades, en vez de ardor mortal una temperatura agradable. Así, por naturaleza, el burgués es una criatura de débil impulso vital, miedosa, deseosa de evitar renuncias, fácil de gobernar. Por ello ha sustituido el poder con la mayoría, la violencia con la ley, la responsabilidad con la votación» (*Disertación*).

Desde el punto de vista exterior, la civilización occidental se concretiza en los coches. Hesse constata que «hay demasiada gente en el mundo. Antes no se notaba tanto. Pero ahora que cada uno quiere no sólo el aire para respirar, sino que pretende, además, el automóvil, ahora se nota». Así, *El lobo estepario* se concluye con una simbólica «lucha entre los hombres y los coches», que deja «automóviles machacados, retorcidos, medio chamuscados por todas partes». «En todos los muros había carteles excitantes que, en caracteres cubitales, ardientes como antorchas, exhortaban a la nación a que se pusiera, por fin, a favor de los hombres y en contra de los coches», «a que por fin incendiara las fábricas y desbrozara y despoblara la tierra violada para que volviese a crecer la hierba en ella, y aquel mundo polvoriento de cemento pudiese volver a convertirse en prado, selva, erial, río y marisma».

LA CULTURA

En *El lobo estepario* Hesse ahonda su espada también en el cuerpo flojo de los intelectuales, entre los cuales sólo los más fuertes «atraviesan la atmósfera de la tierra burguesa y alcanzan el cosmos, los demás se resignan o estipulan compromisos, desprecian a la burguesía y siguen formando parte de ella, reforzándola, y exaltándola, puesto que, en el fondo, deben estar bien de acuerdo con ella si quieren vivir» (*Disertación*).

Los intelectuales actúan, obviamente, a través de los medios de comunicación: «dos tercios de mis conciudadanos leen esa clase de periódicos, leen mañana y tarde esas palabras, se los cultiva todos los días, los exhortan, los azuzan, los vuelven malos y descontentos». La batalla contra el poder ilimitado de los medios de comunicación es, por tanto, demasiado desigual: «no tiene sentido pensar pensamientos humanos y decirlos y escribirlos, no tiene sentido rumiar en la cabeza pensamientos de bondad: por dos o tres personas que lo hacen hay cada día, en cambio, miles de periódicos y de revistas y discursos y sentadas públicas y secretas que quieren lo contrario, y lo obtienen».

No obstante, la auténtica estocada a la cultura Hesse la arremete en *El juego de abalorios*, con palabras actualísimas y de fuerza inaudita. Al igual que los coches constituían el símbolo de la sociedad tecnológica, identifica en las páginas culturales de los periódicos el símbolo de la cultura de masas. «Se difundían a millones, como parte predilecta de la prensa cotidiana, formaban el alimento principal de los lectores necesitados de cultura, hablaban, o mejor 'charlaban' de mil temas del saber.» «Los autores de aquellos fútiles jueguecitos o bien pertenecían a las redacciones de los periódicos o bien eran 'libres' escritores, a menudo llevaban incluso el nombre de poetas, pero parece que muchos eran, además, científicos o hasta profesores universitarios de gran fama. Los artículos trataban, preferentemente, anécdotas sacadas de la vida de hombres y mujeres célebres y de sus epistolarios.» «Uno se maravilla, no tanto de que existiesen hombres que se los tragaran como lectura diaria, cuanto más bien que autores famosos, de mucha envergadura y de buena preparación cultural» contribuyesen a ello. «En ciertos momentos estaban especialmente en auge entrevistas a destacadas personalidades sobre problemas del día», y «se trataba únicamente de emparejar un nombre conocido con un tema de actualidad». «Sobre todos los hechos del día se vertía una marea de férvidos garabatos y la recopilación, la criba, la forma de todas aquellas comunicaciones mostraban la huella de la mercancía en serie, producida deprisa y sin responsabilidad».

Naturalmente, las páginas culturales no son más que *un* aspecto de la mercantilización y de la banalización de la cultura. No cabe olvidar «el gran número de conferencias, y ya no sólo en forma de discursos conmemorativos en ocasiones especiales, sino en un torbellino de competencia y en cantidad casi incomprensible». «En aquellas conferencias el oyente estaba totalmente pasivo y se le presuponía, tácitamente, algún tipo de relación con el argumento, una capacidad de comprensión que en la mayor parte de los casos no las había.» «Se escuchaban conferencias sobre escritores de los que no se habían leído nunca, o no se tenía intención de leer, las obras, se solicitaba que, además, fuesen acompañadas de proyecciones y se trataba, exactamente como en las páginas culturales de los periódicos, de orientarse en un diluvio de aislados, y por tanto insulsos, valores culturales y fragmentos de ciencia».

Hesse no se limitó a describir el fenómeno, sino que subrayó también sus motivaciones más profundas. En la falsedad de la vida espiritual vio «un síntoma del asombro que afectó al espíritu cuando, al término de un periodo de aparentes victorias y prosperidades, se encontró de improviso frente a la nada, a una gran miseria material, a un periodo de borrascas políticas y bélicas y a un repentino recelo hacia sí mismo, hacia su propia fuerza y dignidad, incluso hacia su propia existencia». Señaló que el origen de la incertidumbre y de la desesperación de los intelectuales era el descubrimiento de «que la juventud y la edad creativa de nuestra civilización habían transcurrido ya, que se había llegado a la vejez y al ocaso, y con esta intuición, percibida repentinamente por todos y por muchos formulada con determinación», pudo explicar «muchos fenómenos preocupantes de aquel tiempo: la desolada mecanización de la vida, la grave decadencia de la moral, la incredulidad de los pueblos, la falsedad del arte».

ARTE Y PENSAMIENTO

La denuncia y el análisis de Hesse son sólo el comienzo de *El juego de abalorios,* y no se extienden más allá del ensayo introductorio. En efecto, a diferencia de *El lobo estepario,* donde el ataque a los coches es la conclusión de un libro de denuncia, *El juego de abalorios* es un libro de propuesta, que Hesse presenta bajo la forma de una utopía ambientada en un futuro en el que la era de las páginas culturales aparece remota en el tiempo y superada en los hechos.

Para llegar a formular su utopía Hesse tuvo que superar una prevención común a los literatos de educación no científica, contra el pensamiento y en favor del arte. Sigámoslo pues, primero, en este recorrido de descubrimiento.

El punto de partida de Hesse es conflictivo, y en *Bajo las ruedas* habla de la antigua y desigual lucha entre «la ciencia y el arte, en la cual la primera lleva siempre la razón, sin llegar a ser útil a nadie, y el segundo sigue esparciendo la semilla de la fe, del amor, del consuelo y de la belleza, dando el presentimiento de la eternidad, y halla siempre un terreno fecundo».

En *En el balneario* acusa de nuevo a los científicos, ya que no saben que, «precisamente por las móviles y huidizas entidades que ellos consideran imponderables, existen, fuera de las ciencias naturales, unos sistemas muy desarrollados de medida y de expresión, y que, tanto Tomás de Aquino como Mozart, cada uno en su lenguaje, no hicieron más que pesar los denominados imponderables con una precisión inaudita».

Ya en *El último verano de Klingsor* Hesse empieza, no obstante, a vislumbrar que «se supervalora el elemento sensual cuando se considera el elemento intelectual como un sucedáneo forzado que canjear con la sensualidad de la que carecemos. El sentido no vale un pelo más que el espíritu, y recíprocamente».

En *Siddhartha* la dicotomía aparece, finalmente, superada: «Bellas cosas una y otra, el sentido y los pensamientos, detrás de las cuales se escondía el significado último; a ambas era menester prestar atención, ambas era menester ejercitarlas, a ambas había que evitar despreciarlas o supervalorarlas, de ambas era menester servirse para escuchar furtivamente las voces más profundas del Yo».

En *Narciso y Goldmundo* el arte y el pensamiento se contraponen, por fin, como formas de vida ambas aceptables. Hesse hace que los describa el pensador Narciso en un diálogo con el artista Goldmundo: «Nuestro pensar es una continua abstracción, un prescindir del mundo sensible, un tentativo de construcción de un mundo puramente espiritual. Tú, en cambio, captas en el corazón lo que contiene de más inestable y mortal y revelas el sentido del mundo precisamente en lo que es transitorio.» «Nosotros los pensadores tratamos de aproximarnos a Dios separándolo del mundo. Tú te aproximas a él amando y recreando su creación».

Hesse es explícito al reconocer que la tarea que ambas vías se proponen es demasiado alta para que puedan ser adecuadas a su meta: «El pensador trata de conocer y de representar la esencia del mundo con la lógica. Él sabe que nuestro intelecto y su herramienta, la lógica, son imperfectos, al igual que un artista inteligente sabe de sobras que sus pinceles o sus cinceles jamás podrán expresar, a la perfección, la esencia radiosa de un ángel o de un santo. Con todo, a su manera, ambos lo intentan, tanto el pensador como el artista».

Y más allá de su inadecuación, las dos vías pueden resultar engañosas: «Vuestro peligro consiste en ahogaros en el mundo de los sentidos, el nuestro en asfixiarnos en el vacío».

MATEMÁTICA Y LÓGICA

En el momento de escribir *El juego de abalorios* Hesse acarrea consigo, pues, un recorrido intelectual que lo ha llevado a polos aparentemente antitéticos: por un lado el rechazo de la civilización tecnológica y, en consecuencia, del saber científico en el que se basa; por el otro, la revalorización del papel del pensamiento como posible alternativa al arte para alcanzar el conocimiento. Su problema consiste, ahora, en elaborar una síntesis, dado que «nosotros tenemos la tarea de descubrir las antítesis, en primer lugar como antítesis, luego como polos de una unidad». La solución de Hesse es inesperada, y descubre una tercera vía, de *pensamiento no científico*, en la matemática: «hace generaciones que, como hizo casi todo el siglo XX, ya no vislumbramos, en la filosofía o quizás en la poesía, sino en la matemática [...] el gran mérito, y duradero, del periodo cultural que va de finales del medioevo a nuestro tiempo».

La contraposición entre matemática y ciencia puede sorprender, yendo éstas unidas, a menudo, en la visión popular, como arquetipos del saber racional. Su diferencia substancial se puede sintetizar en los siguientes términos: la ciencia es inductiva y parte de las conclusiones (los hechos experimentales) para llegar a las premisas (las leyes que los 'explican'); la matemática es deductiva y parte de las premisas (los axiomas) para llegar a las conclusiones (los teoremas). En términos de proyecto la ciencia es por tanto conservadora y sus proclamados 'triunfos' apenas mellan la costra del mundo sensible; simétricamente, la matemática es progresista y sus 'frías' construcciones edifican nuevos mundos espirituales. Queriendo llevar el paralelismo al extremo, hasta el campo político: la actitud matemática se halla en la base de las grandes tentativas de construcción racional de una nueva sociedad, de Platón a Marx; y la actitud científica se halla, en cambio, en la base de las tentativas de justificar el mundo por lo que es, de Leibniz (el mejor de los mundos posibles) a Edward Wilson (la sociobiología).[4] Por tanto, *El lobo estepario* y *El juego de abalorios* representan, respectivamente, el juicio de Hesse sobre el pensamiento científico y matemático.

Naturalmente, al principio Hesse no es consciente del valor cognoscitivo de la matemática, y en *Bajo las ruedas* expresa sentimientos contradictorios: «Aquello que le agradaba de la matemática era la exclusión de todo error, de toda incertidumbre, la imposibilidad de salir del argumento y de perderse en lo vago». «Pero, aunque los resultados de las operaciones correspondían, de ellos no se desprendía nada que valiese verdaderamente. Los ejercicios y las lecciones le parecían una monótona vía maestra de llanura, en la cual se continúa avanzando, comprendiendo cada día algo que el día anterior no se comprendía aún, pero sin tocar jamás la cima de un monte desde el que abarcar nuevos, inesperados panoramas».

En *El juego de abalorios* el papel de la matemática se ha articulado y vuelto central. Ante todo, Hesse le reconoce una creatividad bien conocida a sus practicantes: «uno puede ser un lógico y gramático riguroso y al mismo tiempo estar lleno de fantasía y de música». Al respecto vale la pena recordar una anécdota sobre David Hilbert, el mayor matemático de finales del siglo XIX y comienzos del XX: cuando se le refirió que un colega había abandonado la matemática por el arte respondió que había hecho bien, puesto que no estaba dotado de *suficiente* fantasía.

4. Como prueba de esta dicotomía, recuérdese que Karl Popper es el autor tanto de *La lógica de la investigación científica* (1934) como de *La sociedad abierta y sus enemigos* (1945). No eran pues ejemplos de demencia senil sus afirmaciones en una ridícula entrevista del 9 de abril de 1992 a *La Stampa*, en la cual sostenía que «las verdaderas revoluciones han tenido lugar en el mundo capitalista», y citó como ejemplo revolucionario a «Henry Ford», y de revolución «la producción de masas del utilitario».

En segundo lugar, Hesse percibe el placer que se puede extraer de la matemática, también éste bien conocido a sus practicantes: «cada problema matemático, correctamente resuelto, puede ofrecer una dicha espiritual». Podemos contraponer aquí, a sus palabras, las de Alain Connes, medalla Fields (el análogo del premio Nobel, que, para la matemática, no se asigna): «cuando las imágenes comienzan a aparecer en el cerebro del matemático, en ciertos casos una repentina *iluminación* invade su cerebro y su sensibilidad». «En el momento en que se produce, la iluminación implica una parte considerable de afectividad, de forma tal que es imposible permanecer pasivos o indiferentes. Las raras veces que de veras me ha acaecido, los ojos no podían dejar de llenárseme de lágrimas».[5]

No obstante, la matemática no podría ser el aspecto central de *El juego de abalorios* si Hesse se limitase a proporcionar observaciones ocasionales sobre la misma. Lo que le procura centralidad es, precisamente, su papel en las alusiones al juego, que en el libro hacen las veces de una descripción precisa del juego mismo. De él sabemos sólo que es «un modo de jugar con todos los valores y con el contenido de la civilización». Sus orígenes históricos pasan a través de Pitágoras y las «academias de matemáticos de los siglos XVII y XVIII», y «todo intento de acercamiento entre las ciencias exactas y las ciencias más libres, todo esfuerzo por conciliar la ciencia y el arte o la ciencia y la religión tuvieron su fundamento en aquella misma idea eterna que para nosotros se concretó en el juego de abalorios». Con el transcurrir del tiempo, «entre los matemáticos el juego fue llevado a un alto grado de fluidez y capacidad de elevación y casi adquirió la conciencia de sí y de sus propias posibilidades».

Por lo que atañe a la estructura del juego, «la capacidad de aplicar figuras y axiomas de la geometría euclidiana a conceptos teológico-filosóficos como similitudes clarificadoras, parecen muy cercanas a la mentalidad del Juego». «Éste había alcanzado un grado tal de desarrollo que podía expresar hechos matemáticos con signos y abreviaturas especiales; los jugadores se plan-

5. En Jean-Pierre Changeaux y Alain Connes, *Pensiero e materia*, Bollati Boringhieri, Turín 1991, págs. 77-78.

teaban el uno al otro aquellas fórmulas abstractas, desarrollándolas recíprocamente, y se presentaban mutuamente los desarrollos y las posibilidades de su ciencia». «De vez en cuando, un científico rompía las barreras de su propia ciencia particular y trataba de adelantarse hacia lo universal, se imaginaba un nuevo alfabeto, un nuevo lenguaje gráfico con el que fuese posible fijar e intercambiar las nuevas experiencias intelectuales». Semejante lenguaje se convirtió, con el tiempo, en «una lengua nueva, lengua de signos y fórmulas en la cual tomaban parte igualmente la matemática y la música», «una especie de lenguaje universal con el cual los jugadores estaban en condiciones de expresar valores mediante símbolos y de ponerlos en relación recíproca», «una *lengua sagrada*, una lengua divina».

Citas como las que acabamos de transcribir parecen sacadas de los evangelios de la moderna lógica matemática, y en ellas resuenan notas tan familiares que podrían atribuirse a uno cualquiera de sus evangelistas, de Leibniz (que hablaba de *characteristica universalis*) a Bertrand Russell. Valga, a título de ejemplo, una famosa cita de Hilbert, que sostuvo para la matemática la necesidad de un lenguaje de abstracción tal que pudiera emplearse para hablar a un tiempo de 'puntos, líneas, planos' y 'mesas, sillas, jarras de cerveza', y luego la descubrió precisamente en la lógica matemática, de la que se hizo uno de los predicadores con más seguidores.

No sabemos si Hesse dominaba el argumento, ni en qué medida, aunque la labor de divulgación y propaganda hecha por Russell en la primera mitad del siglo ciertamente no quedó sin resonancia (y le valió el premio Nobel *de literatura*, en 1950). Ni puede tener importancia la respuesta a semejante interrogante: lo que cuenta es el hecho de que Hesse pueda asignar a una empresa intelectual como la lógica matemática «un rol importante en la superación total del *feuilleton* y en aquel renacimiento de la dicha, que deriva de las más exactas ejercitaciones del espíritu, al cual debemos el nacimiento de una buena disciplina».

Esperemos firmemente, aunque francamente lo dudamos, que la lógica pueda desempeñar para nuestro mundo el mismo efecto de higiene cultural que Hesse atribuye al juego de abalorios en su utopía: «los escritores de grandes tiradas, con premios

Nobel y suntuosas mansiones en el campo, los grandes médicos con sus condecoraciones y sus servidores con librea, los académicos con mujeres ricas y tertulias brillantes, los químicos en los consejos de administración de las grandes industrias, los filósofos con la fábrica de páginas culturales de los periódicos y las cautivadoras conferencias en salas multitudinarias, entre aplausos y ofertas de flores: todas esas figuras habían desaparecido y no han vuelto hasta hoy». «Los ingenios que aspiraban más bien al lustre o a la vida cómoda hubieron de volver las espaldas a la intelectualidad que había dejado de ser amable, y buscar aquellas profesiones que se habían quedado con el bienestar y con la tarea de ganar dinero».

CONCLUSIÓN

Para evitar equívocos, queremos anotar explícitamente que sólo nos hemos limitado a aislar algunos aspectos de *El juego de abalorios* sobre los que nos sentimos capacitados para hablar. Otros grandes temas del libro son la música, la historia y el poder, y sobre cada uno de ellos Hesse ofrece puntos de reflexión dignos de profundización. A mero título de ejemplo, observa que «es cosa bella y seductora ejercitar un poder sobre los hombres y distinguirse de los demás, pero también contiene un peligro demoníaco», y que al fin y al cabo «el poder no se ejercita sin consecuencias para quien lo ejerce».

La crítica a la sociedad occidental nos parece en cualquier caso el elemento unificador de la producción de Hesse, y ello explica tanto la saña de los mandarines del sistema como el amor de la juventud y de las mentes elegidas.[6] Tal crítica amplía y profundiza gradualmente su rayo de acción en todo el arco de la vida literaria de Hesse: en *Bajo las ruedas* (1906) es el sistema escolar-educativo el que recibe las primeras, mordaces, críticas; en *Siddhartha* (1922) le toca el turno a la religión cristiana, a la que

6. A manera de ejemplo véase el ensayo de Hans Hinterhäuser en *Il romanzo tedesco del novecento*, a cargo de Giuliano Baioni, Giuseppe Bevilacqua, Cesare Cases y Claudio Magris, Einaudi, Turín 1973, págs. 185-197.

se le contrapone la vía india; en *El lobo estepario* (1927) se pasa a la sociedad tecnológica, y a la lucha contra los coches; por último, en *El juego de abalorios* (1943) es el entero sistema cultural el que cae bajo tiro.

El ataque a la cultura resulta más devastador por el hecho de que las palabras de Hesse, aunque perfectamente apropiadas al sistema cultural actual, tenían como objetivo, en realidad, el sistema nazi. Y es, justamente, lo intercambiable de la crítica lo que hace asimilables los dos sistemas, y fuerza a la conclusión de que el nazismo cultural no está muerto sino que sólo ha cambiado, o en el mejor de los casos está por resurgir. Aun temiendo tener razón, esperamos no estar en lo cierto.

4. Un matemático lee Borges

Goethe dijo una vez que los matemáticos son como los franceses: nada más decirles algo lo traducen a su propio lenguaje, y entonces parece enseguida diferente (*Máximas y reflexiones*, n. 1279). Ofrecemos esta notación a modo de preventiva justificación gratuita en el acto de acometer una lectura de la obra de Jorge Luis Borges en términos quizás poco ortodoxos para la tradición literaria. No sin subrayar, en todo caso, que el autor en cuestión se presta particularmente bien a ser analizado desde puntos de vista no convencionales: como demuestran, por ejemplo, *Las palabras y las cosas* de Michel Foucault y «La abducción en Uqbar» de Umberto Eco (Eco, 1985).

De todos modos, una lectura logicomatemática de Borges no está fuera de lugar. En efecto, él mismo declaró a Herbert Simon, medalla Turing de informática en 1975 y premio Nobel de economía en 1978: «Es cierto que he sacado muchas de mis ideas de libros de lógica y de matemática que he leído, pero, en verdad, cada vez que me propuse la lectura de estos libros, ellos me han derrotado, no he logrado interpretarlos a fondo» (*Primera Plana*, núm 414). En concreto, se refería a la *Introducción a la filosofía matemática* y a *Nuestro conocimiento del mundo exterior* de Bertrand Russell: «libros de una lucidez inhumana, insatisfactorios e intensos» (*La perpetua carrera de Aquiles y la tortuga*).

Efectuaremos, en esta ocasión, un análisis horizontal de los temas de naturaleza logicomatemática en la obra de Borges, complementado así un análisis vertical publicado en otra parte (*Cultura e scuola*, núm. 135-136 y 137).

PARADOJAS

Las paradojas de Zenón obsesionaron a Borges desde que su padre se las contó de niño, con la ayuda de un tablero de ajedrez. El aspecto para nosotros más interesante es el tratamiento que hace de ellas: considerándolas no problemas que resolver negativamente, como en la tradición lógica que va de Aristóteles a Russell, sino indicios que utilizar positivamente, como en la nueva lógica inaugurada por Kurt Gödel en 1931 en un artículo que hizo época.

Desde un punto de vista filosófico el uso que Borges hace de las paradojas de Zenón es, él mismo, paradójico, dado que las considera como pruebas a favor del idealismo y de la irrealidad del mundo exterior: «Nosotros (la indivisa divinidad que opera en nosotros) hemos soñado el mundo. Lo hemos soñado resistente, misterioso, visible, ubicuo en el espacio y firme en el tiempo; pero hemos consentido en su arquitectura tenues y eternos intersticios de sinrazón para saber que es falso» (*Avatares de la tortuga*).

Desde un punto de vista de crítica literaria las paradojas de Zenón se vuelven, en cambio, para Borges un sorprendente instrumento de análisis: por un lado «la flecha y Aquiles son los primeros personajes kafkianos de la literatura» (*Kafka y sus precursores*), según una aplicación del surrealista concepto de «plagio por antelación» enunciado por el Oulipo; por otro lado el paralelo entre paradojas de Zenón y libros de Kafka muestra que «el *pathos* de esas 'inconclusas' novelas nace precisamente del número infinito de obstáculos que detienen y vuelven a detener a sus héroes idénticos. Franz Kafka no las terminó, porque lo primordial era que fuesen interminables» (*Franz Kafka: Las metamorfosis*).

Por último, desde un punto de vista artístico Borges utilizó explícitamente las paradojas de Zenón en una narración suya, en la cual un detective logra prever el postrer delito de una serie pero, personado en el lugar del delito para prevenirlo, descubre que le han tendido una emboscada, y se lamenta con su próximo asesino por la imperfecta planificación del plan:

–En su laberinto sobran tres líneas –dijo por fin–. Yo sé de un laberinto griego que es un línea única, recta. En esa línea se han perdido tantos filósofos que bien puede perderse un mero *detective*. Sharlach, cuando en otro avatar usted me dé caza, finja (o cometa) un crimen en A, luego un segundo crimen en B, a 8 kilómetros de A, luego un tercer crimen en C, a 4 kilómetros de A y de B, a mitad de camino entre los dos. Aguárdeme después en D, a 2 kilómetros de A y de C, de nuevo a mitad de camino. Máteme en D, como ahora va a matarme en Triste-le-Roy.

–Para la otra vez que lo mate –replicó Sharlach– le prometo ese laberinto, que consta de una sola línea recta y que es indivisible, incesante.

Retrocedió unos pasos. Después, muy cuidadosamente, hizo fuego. (*La muerte y la brújula*)

AUTORREFERENCIA

Un ingrediente típico de las paradojas lógicas es la autorreferencia, como en el famoso ejemplo de Epiménides: «soy mentiroso». En un admirable ensayo (*Magias parciales del Quijote*), Borges reprodujo una serie de estimulantes ejemplos de autorreferencia de la literatura mundial.

Ante todo, en el *Quijote*: en la primera parte «el cura y el barbero revisan la biblioteca de Don Quijote; asombrosamente uno de los libros examinados es la *Galatea* de Cervantes», y «el barbero, sueño de Cervantes o forma de un sueño de Cervantes, juzga a Cervantes» en cuanto escritor; en la segunda parte «los protagonistas han leído la primera, los protagonistas del *Quijote* son, asimismo, lectores del *Quijote*».

Luego, en el *Ramayana*, «poema de Valmiki, que narra las proezas de Rama y su guerra con los demonios. En el libro final, los hijos de Rama, que no saben quién es su padre, buscan amparo en una selva, donde un asceta les enseña a leer. Ese maestro es, extrañamente, Valmiki; el libro en que estudian, el *Ramayana*».

Por último, en *Las Mil y Una Noches*: «Ninguna [interpolación] tan perturbadora como la de la noche DCII, mágica entre las noches. En esa noche, el rey oye de boca de la reina su propia historia. Oye el principio de la historia, que abarca a todas las demás, y también –de monstruoso modo– a sí misma. ¿Intuye claramente el lector la vasta posibilidad de esa interpolación, el curioso peligro? Que la reina persista y el inmóvil rey oirá para siempre la trunca historia de *Las Mil y Una Noches*, ahora infinita y circular...».

La fascinación que la autorreferencia ejerció sobre Borges se manifiesta al final del ensayo y se revela equivalente a la de las paradojas: «¿Por qué nos inquieta que Don Quijote sea lector del *Quijote*, y Hamlet, espectador de *Hamlet*? Creo haber dado con la causa: tales inversiones sugieren que si los caracteres de una ficción pueden ser lectores o espectadores, nosotros, sus lectores o espectadores, podemos ser ficticios».

La utilización más espectacular de la autorreferencia en la misma obra de Borges se halla en *Tlön, Uqbar, Orbis Tertius*. El relato apareció originariamente en el número 68 de *Sur*, con su portada color verde jade, de mayo de 1940, y concluía con una

> *Posdata de 1947.* Reproduzco el artículo anterior tal como apareció en el número 68 de *Sur*, tapas verde jade, mayo de 1940, sin otra excisión que algunas metáforas y que una especie de resumen burlón que ahora resulta frívolo.

El relato se publicó de nuevo en la *Antología de la literatura fantástica*, 1940, y esta vez concluía con una

> *Posdata de 1947.* Reproduzco el artículo anterior tal como apareció en la *Antología de la literatura fantástica*, 1940, sin otra excisión que algunas metáforas y que una especie de resumen burlón que ahora resulta frívolo.

El humorismo surrealista de Borges, que cortocircuita la flecha del tiempo publicando en 1940 una Posdata de 1947 que forma parte del mismo artículo aun colocándose aparentemente fuera, en la traducción italiana es sustituido por el humorismo involuntario del traductor, que tergiversa el sentido del juego e, ignaro, en 1984 reproduce la Posdata según la misma versión publicada en la *Antología de la literatura fantástica*, 1940.

EL MAPA DE ROYCE

Una de las obsesiones de Borges, emparentada con la autorreferencia y aparentemente paradójica, es el denominado mapa de Royce, citado por lo menos tres veces, en *Magias parciales del Quijote*, en «Naturalismo al día» (*Crónicas de Bustos Domecq*) y en *Del rigor en la ciencia*:

> Imaginemos que una porción del suelo de Inglaterra ha sido nivelada perfectamente y que en ella traza un cartógrafo un mapa de Inglaterra. La obra es perfecta; no hay detalle del suelo de Inglaterra, por diminuto que sea, que no esté registrado en el mapa; todo tiene ahí su correspondencia. Ese mapa, en tal caso, debe contener un mapa del mapa, que debe contener un mapa del mapa del mapa, y así hasta lo infinito.

De todos modos, a pesar de las apariencias, la regresión infinita que deriva de la hipótesis de un mapa perfecto de un territorio dibujado en una de sus partes produce no una contradicción, sino la existencia de un punto del territorio que coincide con su imagen en el mapa (por el *teorema del punto fijo* de Banach).

La fascinación del mapa en el mapa es, para Borges, análoga a la de *Las Mil y Una Noches* narradas en *Las Mil y Una Noches*, de Don Quijote lector del *Quijote*, de Hamlet espectador de *Hamlet*: una inversión espectacular que nos hace dudar de la realidad.

Pero el uso literario que Borges hace del mapa es hilarante. Por ejemplo, el crítico Lambkin Formento se propone inútilmente esquematizar adecuadamente la *Divina Comedia*, hasta que descubre la solución del problema:

> Al principio, contentóse con publicar, en mínimos y deficientes *clichés*, los esquema de los círculos infernales, de la torre del purgatorio y de los cielos concéntricos, que adornan la acreditada edición de Dino Provenzal. Su natural exigente no se dio, sin embargo, por satisfecha. ¡El poema dantesco se le escapaba! Una segunda iluminación, a la que muy pronto siguiera una laboriosa y larga paciencia, lo rescató de aquel transitorio marasmo. El día 23 de febrero de 1931 intuyó que la descripción del poema, para ser perfecta, debía coinci-

dir palabra por palabra con el poema, de igual modo que el famoso mapa coincidía punto por punto con el Imperio. Eliminó, al cabo de maduras reflexiones, el prólogo, las notas, el índice y el nombre y domicilio del editor, y entregó a la imprenta la obra de Dante.

La publicación de la obra de Formento provoca comprensibles malentendidos, y se confunde incomprensiblemente con una edición del poema de Dante: error mayúsculo, hace notar sarcásticamente Borges, remitiendo idealmente al famoso parangón entre dos páginas aparentemente idénticas de dos versiones del *Quijote* en uno de sus relatos más conocidos, *Pierre Menard, autor del Quijote.*

A una aplicación igualmente divertida del mapa que coincide con el territorio, Borges llega mediante una transposición lingüística de 'representación' (cartográfica de puntos) a 'representación' (política de individuos). Aquí el problema consiste en «organizar un Congreso del Mundo que representaría a todos los hombres de todas las naciones», y su concepción se amplía continuamente: «era como estar en el centro de un círculo creciente, que se agranda sin fin, alejándose». Luego llega la revelación:

> Cuatro años he tardado en comprender lo que les digo ahora. La empresa que hemos acometido es tan vasta que abarca –ahora lo sé– el mundo entero. No es unos cuantos charlatanes que aturden en los galpones de una estancia perdida. El Congreso del Mundo comenzó con el primer instante del mundo y proseguirá cuando seamos polvo. No hay un lugar en que no esté. (*El Congreso*)

En pocas palabras, el auténtico Congreso del Mundo ha de estar compuesto por toda la humanidad, y durar toda la historia.

INFINITO

Los torbellinos sin fin provocados por *Las Mil y Una Noches* en *Las Mil y Una Noches*, o por el mapa del mapa, fueron para Borges avatares de su obsesión más profunda y duradera, admirablemente delineada en unas de sus líneas más sugestivas y matemáticas:

> Hay un concepto que es el corruptor y el desatinador de los otros. No hablo del Mal cuyo limitado imperio es la ética; hablo del infinito. Yo anhelé compilar alguna vez su móvil historia. La numerosa Hidra (monstruo palustre que viene a ser una prefiguración o un emblema de las progresiones geométricas) daría conveniente horror a su pórtico; la coronarían las sórdidas pesadillas de Kafka y sus capítulos centrales no desconocerían las conjeturas de ese remoto cardenal alemán –Nicolás de Krebs, Nicolás de Cusa– que en la circunferencia vio un polígono de un número infinito de ángulos y dejó escrito que una línea infinita sería una recta, sería un triángulo, sería un círculo y sería una esfera (*De docta ignorantia*, I, 13). Cinco, siete años de aprendizaje metafísico, teológico, matemático, me capacitarían (tal vez) para planear decorosamente ese libro. Inútil agregar que la vida me prohíbe esa esperanza, y aun ese adverbio. (*Avatares de la tortuga*)

Una de las imágenes más conocidas de Nicolás de Cusa para describir la divinidad es la esfera infinita cuyo centro está en todas partes y la circunferencia en ningún lugar. Naturalmente Borges quedó fascinado por la metáfora, y en este caso recopiló efectivamente su historia móvil (*La esfera de Pascal* y *Pascal*), pero extrañamente sin citar a Nicolás de Cusa. La imagen le sirvió también para describir aquella que es quizás su criatura más inquietante: «la Biblioteca [de Babel] es una esfera cuyo centro cabal es cualquier hexágono, cuya circunferencia es inaccesible».

A Borges le encantaba citar a Mallarmé, según el cual *tout aboutit à un livre* (*Nota sobre Walt Whitman, Flaubert y su destino ejemplar* y *Del culto de los libros*), y él mismo confesaba: «compruebo con una suerte de agridulce melancolía que todas las cosas del mundo me llevan a una cita o a un libro» (*Las islas del tigre*). También su obsesión con el infinito le llevó directamente al mismo punto, pero dado que los libros reales que pueblan las bibliotecas suelen estar acabados de manera no satisfactoria, no le quedó más remedio que inventárselos imaginarios.

Una primera aproximación la obtuvo imaginando libros ilimitados: «un gran libro circular de lomo continuo, que da toda la vuelta de las paredes» de una cámara circular, del que luego se desprende, además, que «ese libro cíclico es Dios» (*La biblioteca de Babel*); y «un volumen cíclico, circular. Un volumen cuya última página fuera idéntica a la primera, con posibilidad de continuar indefinidamente» (*El jardín de senderos que se bifurcan*).

Más satisfactorios son, en cambio, los libros realmente infinitos que la fantasía de Borges ha dado a luz: un primer volumen «que constara de un número infinito de hojas infinitamente delgadas», cuya plausibilidad física está sugerida por el principio de Cavalieri («todo cuerpo sólido es la superposición de un número infinito de planos»), y que, aunque pudiendo contener, en línea de principio, todos los libros posibles, «no sería cómodo: cada hoja aparente se desdoblaría en otras análogas; la inconcebible hoja central no tendría revés» (*La biblioteca de Babel*); un segundo libro que no tiene «ni principio ni fin», cuyas páginas están numeradas de manera arbitraria con cifras arábigas, y llevan pequeñas ilustraciones a intervalos de dos mil páginas una de otra (*El libro de arena*); y una tercera enciclopedia cuyos artículos tienen «un final, mas no principio» (*Atenas*).

Estos volúmenes casi perfectos (su único defecto es no existir) alegran el corazón del matemático, porque la ordenación de sus hojas le permite reencontrar en ellos estructuras muy familiares: en el primer caso, el orden denso, sin principio ni fin, de los reales; en el segundo, el orden infinito discreto, sin principio ni fin, de los enteros relativos; en el tercero, un orden infinito discreto, con principio pero sin fin, de órdenes infinitos discretos, con fin pero sin principio.

El uso más explícito de lo infinito en los relatos de Borges es, acaso, el siguiente, que representa su sofocante y onírica naturaleza:

> Un día o una noche –entre mis días y mis noches, ¿qué diferencia cabe?– soñé que en el piso de la cárcel había un grano de arena. Volví a dormir, indiferente; soñé que despertaba y que había dos granos de arena. Volví a dormir; soñé que los granos de arena eran tres. Fueron, así, multiplicándose hasta colmar la cárcel y yo moría bajo

> ese hemisferio de arena. Comprendí que estaba soñando; con un vasto esfuerzo me desperté. El despertar fue inútil; la innumerable arena me sofocaba. Alguien me dijo: *No has despertado a la vigilia, sino a un sueño anterior. Ese sueño está dentro de otro, y así hasta lo infinito, que es el número de los granos de arena. El camino que habrás de desandar es interminable y morirás antes de haber despertado realmente.*
>
> Me sentí perdido. La arena me rompía la boca, pero grité: *Ni una arena soñada puede matarme ni hay sueños que estén dentro de sueños.* Un resplandor me despertó. (*La escritura del Dios*)

ARITMÉTICA

El procedimiento típicamente aritmético de la enumeración fue para Borges una metáfora de lo infinito: «Es verosímil que en la insinuación de lo eterno –de la *immediata et lucida fruitio rerum infinitarum*– esté la causa del agrado especial que las enumeraciones procuran» (*Historia de la eternidad*).

A este placer se dedicó él asiduamente, tanto que llegó a convertirse en una de las características más destacadas de su obra (justo del análisis de una de sus «monstruosas» enumeraciones arrancó, entre otras, la arqueología del saber de *Las palabras y las cosas* de Michel Foucault).

Aquí nos interesan, por supuesto, los aspectos matemáticos, que tampoco Borges desdeñó:

> Teóricamente, el número de sistemas de numeración es ilimitado. El más complejo (para uso de las divinidades y de los ángeles) registraría un número infinito de símbolos, uno para cada número entero; el más simple sólo requiere dos. Cero se escribe 0, uno 1, dos 10, tres 11, cuatro 100, cinco 101, seis 110, siete 111, ocho 1000... Es invención de Leibniz, a quien estimularon (parece) los hexagramas enigmáticos del I King. (*El idioma analítico de John Wilkins*)

Es curioso observar que no se fijara en un sistema aún más simple que el binario leibniziano, que requiere solamente un símbolo: cero se escribe 1, uno 11, dos 111, tres 1111, cuatro 11111, cinco 111111, seis 1111111, siete 11111111, ocho 111111111...

Por lo que respecta, en cambio, al sistema más complejo, que requiere infinitos símbolos, Borges lo utilizó en el conocido relato *Funes el memorioso* que habla de un hombre que no puede olvidar y se dedica al proyecto insensato, pero grandioso, de construir un vocabulario infinito para la serie natural de los números:

> Me dijo que hacia 1886 había discurrido un sistema original de numeración y que en muy pocos días había rebasado el veinticuatro mil. No lo había escrito, porque lo pensado una sola vez ya no podía borrársele. Su primer estímulo, creo, fue el desagrado de que los treinta y tres orientales requirieran dos signos y tres palabras, en lugar de una sola palabra y un solo signo. Aplicó luego ese disparatado principio a los otros números. En lugar de siete mil trece, decía (por ejemplo) *Máximo Pérez*; en lugar de siete mil catorce, *El Ferrocarril*; otros números eran *Luis Melián Lafinur, Olimar, azufre, los bastos, la ballena, el gas, la caldera, Napoleón, Agustín de Vedia*. En lugar de quinientos, decía *nueve*. Cada palabra tenía un signo particular, una especie de marca; las últimas eran muy complicadas... Yo traté de explicarle que esa rapsodia de voces inconexas era precisamente lo contrario de un sistema de numeración. Le dije que decir 365 era decir tres centenas, seis decenas, cinco unidades; análisis que no existe en los «números» *El Negro Timoteo* o *manta de carne*. Funes no me entendió o no quiso entenderme.

El interés de Borges no se limitó a la genérica serie numérica, sino que se concentró, también, en algunos de sus elementos específicos. Describió un primer problema numérico interesante con referencia al juego de cartas del truco:

> 40 es el número de los naipes y 1 por 2 por 3 por 4... por 40, el de maneras en que pueden salir. Es una cifra delicadamente puntual en su enormidad, con inmediato predecesor y único sucesor, pero no escrita nunca. Es una remota cifra de vértigo que parece disolver en su muchedumbre a los que barajan. Así, desde el principio, el central misterio del juego se ve adornado con un otro misterio, el de que haya números. (*El truco*)

Este número, lleno de misterio para el literato, pierde quizás algo de su fascinación cuando el matemático lo exhibe en su explícita forma decimal, que es la siguiente:

815.915.283.247.897.734.345.611.269.596.115.894.272.000.000.000.

Un sencillo juego de cartas puede, pues, generar un número de combinaciones, que equivale a 10^{48}, que no desfigura ante el número de átomos del universo, que equivale a unos 10^{80}. Pero ambos no son sino gotas de agua, frente al torrente de libros de la famosa biblioteca, descrita por Borges de manera perfectamente determinada:

> A cada uno de los muros de cada hexágono corresponden cinco anaqueles; cada anaquel encierra treinta y dos libros de formato uniforme; cada libro es de cuatrocientas diez páginas; cada página, de cuarenta renglones; cada renglón, de unas ochenta letras de color negro. (*La biblioteca de Babel*)

Suponiendo que el alfabeto tenga 25 símbolos, el número de libros de la biblioteca viene dado por las combinaciones posibles con repeticiones de los 25 símbolos sobre 410 × 40 × 40 sitios, es decir,

$$25^{656.000} \approx 10^{900.000}.$$

Escribirlo explícito requeriría unas 900.000 cifras y, por tanto, un volumen y medio de la biblioteca.

Sin embargo, incluso la inconmensurable biblioteca no es más que un riachuelo, si parangonada al océano considerado por Borges en su discusión sobre la doctrina del Eterno Retorno atribuida a Nietzsche:

> El número de todos los átomos que componen el mundo es, aunque desmesurado, finito, y sólo capaz como tal de un número finito (aunque desmesurado también) de permutaciones. En un tiempo infinito, el número de las permutaciones posibles debe ser alcanzado, y el universo tiene que repetirse.

Para concebir, aunque sólo sea vagamente, las cifras sobrehumanas que la doctrina invoca, Borges se aventura en cálculos con los que, en general, sólo los matemáticos se recrean:

> Concibamos un frugal universo, compuesto de 10 átomos. (Se trata, claro está, de un modesto universo experimental: invisible, ya que no lo sospechan los microscopios; imponderable, ya que ninguna balanza lo apreciaría.) Postulemos también –siempre de acuerdo con la conjetura de Nietzsche– que el número de cambios de ese universo es el de las maneras en que se pueden disponer los diez átomos, variando el orden en que estén colocados. ¿Cuántos estados diferentes puede conocer ese mundo, antes de un eterno retorno? La indagación es fácil: basta multiplicar 1 × 2 × 3 × 4 × 5 × 6 × 7 × 8 × 9 × 10, prolija operación que nos da la cifra de 3.628.800. Si una partícula casi infinitesimal de universo es capaz de esa variedad, poca o ninguna fe debemos prestar a una monotonía del cosmos. He considerado 10 átomos; para obtener dos gramos de hidrógeno, precisaríamos bastante más de un billón de billones. Hacer el cómputo de los cambios posibles en ese par de gramos –equivale a decir, multiplicar un billón de billones por cada uno de los números enteros que lo anteceden– es ya una operación muy superior a mi paciencia humana. (*La doctrina de los ciclos*)

En realidad, no es solamente la paciencia de Borges la que es puesta a prueba por este producto: dado que cada uno de sus factores (aparte los 10 primeros) es mayor de 10, éste es mayor de

$$10^{1.000.000.000.000.000.000}.$$

Escribir explícitamente tal número requeriría pues al menos un trillón de cifras, y por tanto alrededor de un billón y medio de volúmenes de la biblioteca de Babel.

LÓGICA

La fantasía de Borges, nunca satisfecha de sus propias creaciones fantásticas, a menudo llegó al límite del pensamiento y de la lógica, en el tentativo imposible de concebir y describir objetos y números imposibles.

Un primer ejemplo es el talismán del poder de los Secgens, cuyo rey muere por defender su pertenencia:

> Abrió la palma de la mano que era huesuda. No había nada en la mano. Estaba vacía. Fue sólo entonces que advertí que siempre la había tenido cerrada.
>
> Dijo, mirándome con fijeza:
>
> –Puedes tocarlo.
>
> Ya con algún recelo puse la punta de los dedos sobre la palma. Sentí una cosa fría y vi un brillo. La mano se cerró bruscamente. No dije nada. El otro continuó con paciencia como si hablara con un niño:
>
> –Es el disco de Odín. Tiene un solo lado. En la tierra no hay otra cosa que tenga un solo lado. (*El disco*)

Borges declara que el disco es el círculo euclidiano, que admite solamente una cara («Epílogo» a *El libro de arena*): mas sólo si se considera sobre un plano, y no en el espacio. Tal vez es mejor suponer que el disco es, en cambio, una *banda de Möbius*, que se obtiene encolando los dos lados cortos de una tira de papel rectangular, después de haberla hecho rotar media vuelta: tal superficie tiene, efectivamente, sólo una cara, incluso en el espacio.

Con otros objetos inconcebibles por su monstruosa índole, que hace inestable su número al aumentar o disminuir sin razones aparentes, se topa un profesor de lógica en India:

> A poco de ensayar comprobé que un disco aislado de los otros no podía multiplicarse o desaparecer.
>
> Naturalmente, las cuatro operaciones de sumar, restar, multiplicar o dividir, eran imposibles. Las piedras se negaban a la aritmética y al cálculo de probabilidades. Cuarenta discos, podían, divididos, dar nueve; los nueve, divididos a su vez, podían ser trescientos.
>
> [...]
>
> Al manejar las piedras que destruyen la ciencia matemática, pensé más de una vez en aquellas piedras del griego que fueron los primeros guarismos y que han legado a tantos idiomas la palabra

«cálculo». Las matemáticas, dije, tienen su comienzo y ahora su fin en las piedras. Si Pitágoras hubiera operado con éstas... (*Tigres azules*)

Las observaciones de Borges, lejos de ser meramente literarias, evocan directamente algunas páginas de Wittgenstein sobre las posibilidades de la aritmética en presencia de una inestabilidad física de los objetos (Wittgenstein, 1956).

En el mundo al revés de Tlön, también la matemática resulta ser una imagen negativa de la que conocemos:

La geometría de Tlön comprende dos disciplinas algo distintas: la visual y la táctil. La última corresponde a la nuestra y la subordinan a la primera. La base de la geometría visual es la superficie, no el punto. Esta geometría desconoce las paralelas y declara que el hombre que se desplaza modifica las formas que lo circundan. La base de su aritmética es la noción de números indefinidos. Acentúan la importancia de los conceptos de mayor y menor, que nuestros matemáticos simbolizan por > y por <. Afirman que la operación de contar modifica las cantidades y las convierte de indefinidas en definidas. El hecho de que varios individuos que cuentan una misma cantidad logran un resultado igual, es para los psicólogos un ejemplo de asociación de ideas o de buen ejercicio de la memoria. (*Tlön, Uqbar, Orbis Tertius*)

La geometría o la aritmética borgianas son, al fin y al cabo, menos fantásticas de lo que parece a primera vista: la primera es afín a la geometría riemanniana, que proporciona modelos de geometría no euclidiana en los que no se cumplen el axioma de las paralelas o el movimiento rígido de las figuras; la segunda evoca las estructuras bourbakianas, algunas basadas precisamente en la relación de orden y todas ellas abstractas y no directamente numéricas.

La idea de número indefinido sugirió a Borges la siguiente prueba de la existencia de Dios:

Argumentum ornithologicum. Cierro los ojos y veo una bandada de pájaros. La visión dura un segundo o acaso menos; no sé cuántos pájaros vi. ¿Era definido o indefinido su número? El problema involucra el de la existencia de Dios. Si Dios existe, el número es definido, porque Dios sabe cuántos pájaros vi. Si Dios no existe, el número es indefinido, porque nadie pudo llevar la cuenta. En tal caso, vi menos de diez pájaros (digamos) y más de uno, pero no vi nueve, ocho, siete, seis, cinco, cuatro, tres o dos pájaros. Vi un número entre diez y uno, que no es nueve, ocho, siete, seis, cinco, etcétera. Ese número entero es inconcebible; *ergo*, Dios existe. (*Argumentum ornithologicum*)

No es cuestión, obviamente, de analizar desde un punto de vista lógico el argumento, visto que su título declara explícitamente su carácter semiserio. No obstante, vale la pena fijarse en que la existencia de Dios se deduce de la existencia imposible de números 'indefinidos' comprendidos entre 1 y 10, pero distintos de 2, 3, 4, 5, 6, 7, 8 y 9. En realidad, es justamente del trabajo de Gödel citado al comienzo de donde se deduce la existencia de universos aritméticos en los que existen números enteros 'indefinidos' distintos de todos los números 'definidos': 0, 1, 2, 3... La afirmación de Borges en el sentido de que si Dios existe entonces cada número está definido se retuerce pues en su contra, siendo equivalente a la afirmación de que, si algún número es indefinido (como precisamente sucede), entonces Dios no existe.

Estas postreras observaciones, que nos han devuelto al punto de partida, completan un recorrido cuya circularidad prefigura un eterno retorno a Gödel y a Borges al que, como logicomatemáticos y como lectores, estamos sin duda y felizmente destinados.

5. Si una noche de invierno una computadora

SUS ANTEPASADOS

En una intervención en el *Corriere della Sera* del 24 de diciembre de 1967, Calvino declaraba que Galileo es «el mayor escritor de la literatura italiana de todos los tiempos»: una afirmación aparentemente provocativa que, pudiendo levantar críticas, levantó más de una. Calvino respondió en «Dos entrevistas sobre ciencia y literatura» (*Punto y aparte*), precisando sus ideas a dos niveles.

El primero, interno, notaba que «Galileo usa el lenguaje no como un instrumento neutro, sino con una conciencia literaria, con una continua participación expresiva, imaginativa, incluso lírica». Calvino prestó especial atención a las metáforas literarias presentes en la obra del científico y les dedicó uno de sus últimos ensayos: «El libro de la naturaleza en Galileo» (1985) (*Por qué leer los clásicos*).

A un segundo nivel, externo, Calvino apuntaba que «Galileo admiró y apostilló a aquel poeta cósmico y lunar que fue Ariosto» y que «Leopardi en el *Zibaldone* admira la prosa de Galileo por la precisión y elegancia conjuntas». Identificaba así, en el enlace ideal entre Ariosto, Galileo y Leopardi, «una de las líneas de fuerza más importantes de nuestra literatura».

Huelga decir que el mismo Calvino se consideraba un punto de esa línea, caracterizada por una concepción de la literatura como mapa del mundo y del saber, y por un estilo intermedio entre lo maravilloso realista y lo realista maravilloso. De ello constituyen buen testimonio algunas de sus obras más logradas, de mayor disfrute y más populares, entre las cuales destaca la trilogía de las novelas fantásticas que luego confluyeron en la recopilación *Nuestros antepasados* (1960): *El vizconde demediado* (1951), *El barón rampante* (1957) y *El caballero inexistente* (1959), que infunden vida a las imágenes de un hombre partido en dos mitades que continúan viviendo independientemente, de un muchacho que se encarama a un árbol y no vuelve a descender al suelo, y de una armadura vacía que se mueve y habla como si dentro hubiese alguien. También pertenecen a esta tradición las exitosas transcripciones de los *Cuentos populares italianos* (1956), y la reescritura en prosa del *Orlando Furioso* (1970).

A comienzos de los años Sesenta Calvino se muda a París. Allí conoce a Raymond Queneau, y lo acerca al público italiano traduciendo sus *Flores azules*, haciéndose cargo de la edición italiana de *Bâtons, chiffres et lettres* y dedicándole el ensayo «La filosofía de Raymond Queneau» (1981) (*Por qué leer los clásicos*). A su vez, el 30 de octubre de 1972, Queneau introduce a Calvino en el OULIPO, la singular congregación de literatos-matemáticos y matemáticos-literatos que persigue el triple objetivo de una escritura que posea y exhiba imaginación científica, lenguaje lógico y estructura matemática: características, ésas, que corresponden idealmente a las tres fases principales de aquella parte de la producción de Calvino que nos atañe más de cerca, y que ahora pasamos a examinar.

COSMICÓMICAS

El primer resultado de la reforma calvinista de los años sesenta fue la invención de un nuevo género literario: las *cosmicómicas*, que pretenden instaurar una relación con el sentido cósmico de la mitología antigua a través del filtro cómico del arte moderno. Más exactamente, ésas «tienen detrás de sí sobre todo a Leopardi, a los *comic*s de Popeye, a Samuel Beckett, a Giordano Bruno, a Lewis Carroll, a la pintura de Matta y en ciertos casos a Landolfi, a Immanuel Kant, a Borges, a los grabados de Grandville», y constituyen «un contracanto grotesco al poema de Lucrecio».

Calvino publicó treinta y tres de esos relatos, en cuatro recopilaciones: *Las cosmicómicas* (1965), *Tiempo cero* (1967), *Memoria del mundo y otras cosmicómicas* (1968) y *Cosmicómicas viejas y nuevas* (1984). La primera recopilación llevaba, en la portada, una xilografía de Escher, y la segunda una composición de Vasarely, casi estableciendo un ideal paralelismo con esos otros dos artistas con fuertes intereses científicos. En el caso de Calvino, estos intereses nacieron de lecturas cosmogónicas y cosmológicas realizadas desde niño, y de una conferencia de Giorgio de Santillana escuchada en Turín en 1963, en la cual el historiador de la ciencia anticipaba los temas de su *Molino de Hamlet* (1969).

Las cosmicómicas no son relatos de divulgación: más que representar imágenes científicas, desarrollan motivos literarios contenidos en frases aisladas, que llamaron la atención del autor y, a menudo, hacen de entradilla a las narraciones. Pero no se trata tampoco de relatos de ciencia ficción: en lugar de dar voz a visiones sobre el futuro próximo del universo, desactivándolo y acercándolo a un presente realista, ceden la palabra a imaginarios testigos antropomórficos del pasado remoto, detonando el presente y alejándolo en un pasado fantástico.

Los personajes de las cosmicómicas tienen nombres impronunciables que se asemejan a auténticas fórmulas: $G'd(w)^n$, $Ph(i)Nk_0$, (k)yK. El protagonista principal es Qfwfq, que tiene más o menos la edad del universo y ha sido testigo ocular de los mayores eventos físicos, químicos y biológicos de su historia: el espacio vacío, el Big Bang, la expansión del universo, la aparición de la luz; la formación de los átomos, de los elementos, de los cristales, de la tierra, de la luna, de los continentes, de la atmósfera; las tempestades solares, los meteoritos, las mareas; la morfogénesis, la reproducción biológica, el paso de los moluscos a las conchas y de los peces a los anfibios, el origen de las aves, la extinción de los dinosaurios, el fin de la humanidad y del sol, los agujeros negros.

Unidas a las páginas botánicas de *El barón rampante* y a las geográficas de *Las ciudades invisibles*, las cosmicómicas constituyen, pues, una auténtica historia científica universal del cosmos y del hombre, y demuestran que es posible construir mitos tomando a la ciencia como punto de partida, tal como a menudo se construía antiguamente la ciencia a partir de los mitos.

RELATOS DEDUCTIVOS

Algunas de las cosmicómicas experimentan un nuevo género dentro del nuevo género: los *relatos deductivos*, en los que lo cósmico y lo cómico adoptan las semblanzas de la lógica y de la paradoja. Los cuatro primeros relatos de este tipo aparecen en *Tiempo cero*, cuyo título italiano –*T con zero*– proviene de la expresión con la cual se indica en cosmología el instante de la creación del universo.

El homónimo «Tiempo cero» congela un brevísimo instante de tiempo y lo dilata en una inconmensurable descripción espacial, sustrayéndole el dinamismo del devenir y fijándolo en la estaticidad del ser:

> El segundo t_0 en el que están la flecha F_0 y algo más allá el león L_0 y aquí el yo mismo Q_0 es un estrato espaciotemporal que permanece quieto e idéntico para siempre, y junto a él se dispone t_1 con la flecha F_1 y el león L_1 y el yo mismo Q_1 que han modificado ligeramente sus posiciones, y allí a su lado está t_2 que contiene a F_2 y L_2 y Q_2 y así sucesivamente. En uno de esos segundos colocados en fila resulta claro quién vive y quién muere entre el león L_n y el yo mismo Q_n...

«El conde de Montecristo», en cambio, está ambientado en una cárcel hipercúbica cuatridimensional, cuyas celdas son las caras cúbicas tridimensionales: se deduce del hecho que el abad Faria desparece por una pared y vuelve a aparecer por la de enfrente, y que la fortaleza siempre repite en el tiempo y en el espacio la misma combinación de figuras. El mismo Edmond Dantès es consciente de la naturaleza hipergeométrica de la fortaleza:

> Desarrollo cada segmento en una figura regular, sueldo esas figuras como caras de un sólido, poliedro o hiperpoliedro, inscribo esos poliedros en esferas o hiperesferas, y así cuanto más cierro la forma de la fortaleza, más la simplifico, definiéndola en una relación numérica o en una fórmula algébrica.

Como un ser bidimensional no podría huir de la superficie de un cubo, así un ser tridimensional tampoco puede huir de la hipersuperficie de un hipercubo: y, en efecto, Dantès sabe que la cárcel no tiene exteriores, y que es inútil tratar de huir.

La experiencia de los relatos deductivos fue retomada en «En una red de líneas que se intersecan», séptimo comienzo de *Si una noche de invierno un viajero*, que pretendía «construirse como una operación lógica o una figura geométrica», y describir «los misterios y las angustias que pasan por una mente precisa y fría y sin sombras como la de un jugador de ajedrez».

Calvino llevó a cabo el experimento de los relatos deductivos en el último libro que publicó: *Palomar* (1983), una selección de 27 fragmentos breves, escritos entre el 1975 y el 1983, que se ponía el objetivo explícito de revalorizar la descripción («arte hoy muy desatendida»), y seguía el modelo de los poemas en prosa de Francis Ponge sobre los objetos («Francis Ponge» en *Por qué leer los clásicos*).

Del mismo modo que los *Ejercicios de estilo* (1947) de Queneau eran variaciones sintácticas sobre un único tema, los fragmentos de *Palomar* son variaciones semánticas sobre sólo tres temas, que se rehacen a las tres categorías del pecado (pensamientos, palabras y acciones): la meditación mental, la narración lingüística y la descripción sensorial. Los 27 fragmentos cubren todas las combinaciones posibles de las tres categorías, enumerándolas explícitamente en orden decreciente con números de 3 a 1. Por ejemplo, 1.2.3 («El prado infinito») sería la descripción de la narración (botánica) de una meditación (matemática):

> El prado es un conjunto de hierbas, –así cabe plantear el problema– que incluye un subconjunto de hierbas cultivadas y un subconjunto de hierbas espontáneas denominadas hierbajos; una intersección de los dos subconjuntos está constituida por las hierbas crecidas espontáneamente pero pertenecientes a las especies cultivadas y por tanto indistinguibles de ésas. Los dos subconjuntos a su vez incluyen las varias especies, cada una de las cuales es un subconjunto o, mejor dicho, un conjunto que incluye el subconjunto de los que le pertenecen que pertenecen igualmente al prado y el subconjunto de los externos al prado. Sopla el viento, vuelan las semillas y los pólenes, las relaciones entre los conjuntos se trastocan...

LITERATURA COMBINATORIA

Después de las experimentaciones científicas y lógicas de las cosmicómicas y de los relatos deductivos, Calvino ya está preparado para pasar a obras de estructura matemática. El viraje lo atestigua la conferencia «Cibernética y fantasmas (Apuntes sobre la narrativa como proceso combinatorio)» (*Punto y aparte*), dictada en varias ciudades de Italia y de Europa en 1967 y 1968.

Los estudios sobre los cuentos de Propp y el estructuralismo de Lévy-Strauss le sugieren que las estructuras narrativas elementales son constantes antropológicas, «reconducibles a combinaciones entre un cierto número de operaciones lógico-lingüísticas o, mejor aún, sintáctico-retóricas, tales que se puedan esquematizar en fórmulas tanto más generales cuanto menos complejas sean». La teoría de la información de Shannon y Wiener y la informática de Turing y von Neumann lo convencen de la existencia de «una tendencia que aflora contemporáneamente en distintos lugares: el mundo en sus diferentes aspectos se ve cada vez más como *discreto* y no como *continuo*». La estructura del ADN descubierta por Watson y Crick le confirma que «la inconmensurable variedad de las formas vitales se puede reducir a la combinación de ciertas cantidades finitas». La teoría de la complejidad de Kolmogorov lo convence de que son posibles «estudios de un acompasado carácter científico académico, basados en el cálculo de probabilidades y la cantidad de información de los textos poéticos».

Así, Calvino se ve impulsado a imaginar «una máquina escribiente que ponga en juego en la página todos aquellos elementos que solemos considerar como los más celosos atributos de la intimidad psicológica, de la experiencia vivida, de lo imprevisible de los cambios bruscos de humor, los sobresaltos y los desgarros y las iluminaciones interiores». Y a aventurar que «el banco de prueba de una máquina poético-electrónica será la producción de obras tradicionales, de poesías con formas métricas cerradas, de novelas con todas las reglas». Nace de ahí la idea de los «ordenadores programados para desarrollar todos los elementos de un texto con perfecta fidelidad a los modelos estilísticos y conceptuales del autor», utilizados por la Organización para la Producción Electrónica de Obras Literarias Homogeneizadas (OEPHLW) en el sexto capítulo de *Si una noche de invierno un viajero.*

Lejos de preocuparse ante la perspectiva de verse reemplazado por un aparato mecánico, Calvino aduce que «el escritor, tal como lo ha sido hasta ahora, es ya máquina escribiente, o sea, es tal cuando funciona bien: lo que la terminología romántica denominaba genio o talento o inspiración o intuición no es más que la capacidad de encontrar el camino empíricamente, gracias al olfato, cortando por atajos, allí donde la máquina seguiría un recorrido sistemático y concienzudo, aunque velocísimo y simultáneamente plural». «Desaparezca pues el autor –este *enfant gâté* de la inconsciencia– para dejar su sitio a un hombre más consciente, que sepa que el autor es una máquina y sepa cómo funciona dicha máquina».

Naturalmente, los cierres del juego combinatorio no bastan para producir auténtica literatura, sin el añadido de aperturas por las cuales puedan infiltrarse significados inesperados y no objetivos: de otro modo se corre el riesgo de que, como sucede a menudo en las obras del Oulipo, la mecánica prevalezca sobre la poesía. Calvino tuvo bien presente ese riesgo en sus obras maduras, logrando conjurarlo sistemáticamente y producir algunas de las encarnaciones del verbo oulipiano más satisfactorias.

La primera novela de la nueva fase combinatoria de Calvino fue *El castillo de los destinos cruzados* (1969), que apareció originalmente como contribución a un libro sobre el tarot. De las 72 cartas del Tarot Visconti, 12 se aíslan como narradores y las 60 restantes dan vida a sus historias. Las 60 cartas se disponen según un crucigrama de figuras en forma de tablero de 8 × 8, al que faltan cuatro casillas. Cada historia consta de 16 cartas, identificadas por medio de las tiras en negrita de la figura.

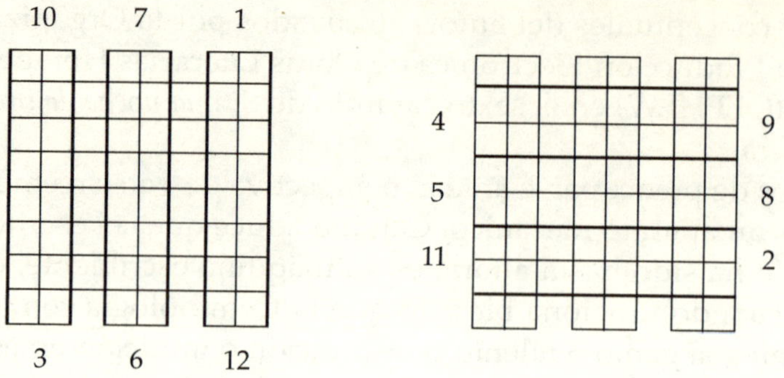

Evidentemente, hay superposiciones: cada una de las tres historias verticales tiene cuatro cartas en común con cada una de las tres historias horizontales, y las cartas de cada una de las seis historias últimas coinciden exactamente con las cartas de una de las seis primeras, aunque narradas en orden inverso. Los números indican los puntos de partida de las diferentes historias y el orden de las historias sigue un recorrido ordenado y simétrico:

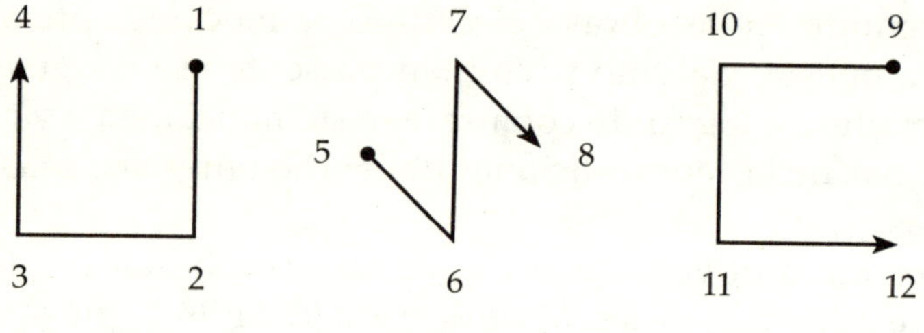

Calvino repitió el experimento con *La taberna de los destinos cruzados*, escribiendo, esta vez, algunas historias *antes* de disponer las cartas: el resultado es literariamente más ágil, pero combinatoriamente menos riguroso, como el mismo Calvino reconoce en la nota del libro que reúne ambos textos. Además de a la obsesión casi paranoica por la máquina espasmódica que el mismo autor ha construido («en todo método hay neurosis, y en toda neurosis método»), la nota se refiere también a un proyecto, jamás llevado a cabo, titulado *El motel de los destinos cruzados*, en el que los rudimentarios cómics habrían ocupado el lugar tanto de los refinados tarots Visconti como de los más bastos tarots marselleses empleados en los dos intentos precedentes.

El juego de prestidigitación de inventar relatos que se adapten a series de figuras, atribuyendo una ficticia causalidad verbal a una real casualidad visiva, constituye un ejercicio de interpretación fantástica que se puede aplicar extensivamente: por ejemplo, a los cuadros de un museo, como el mismo Calvino hace en el capítulo «Yo también trato de meter baza» de *La taberna*, y en un ensayo inédito (1973) (*Album Calvino*, pp. 272-283). Aún más vinculante y funambulesco es el simétrico intento de adaptar las figuras a narraciones preexistentes, que Calvino pone en práctica cuando, en ambos libros, utiliza los clásicos para hacer hablar a las cartas: superándose a sí mismo en las «Tres historias de locura y destrucción» de *La taberna*, donde hace que sean las mismas cartas las que narren las diferentes historias de Hamlet, Macbeth y Lear.

Aun sin tener en cuenta la capacidad de fabulación del narrador, y permaneciendo, pues, en un plano meramente combinatorio, las posibilidades del mecanismo inventado por Calvino son enormes. En el caso de *La taberna*, donde las 78 cartas del tarot marsellés están dispuestas según un tablero de 9 por 9 al que faltan tres casillas, se trata simplemente de sus permutaciones, a saber,

$$78! = 78 \cdot 77 \cdot 76 \cdot ... \cdot 3 \cdot 2 \cdot 1 \approx 10^{120},$$

cuyo orden de grandeza es superior, con mucho, al número de partículas del universo, valorado en cerca de 10^{80}. Las posibilidades son algo más complejas en el caso de las 72 cartas del Tarot Visconti empleado en *El castillo*: ante todo cabe elegir los 12 narradores entre las 36 figuras y luego las historias entre las restantes 60 cartas. No obstante, aun en este caso salen unas cifras astronómicas.

Las ciudades invisibles (1972), el libro en el que Calvino creía haber dicho más cosas, contiene en cambio 55 descripciones repartidas en 9 capítulos, cuyos marcos narran diálogos entre Marco Polo y Kublai Kan. Descripciones y marcos constituyen por tanto las 64 casillas de un tablero ideal, aunque con una mayor complicación por el hecho de que las 55 ciudades están repartidas en 11 tipologías, cada una empleada 5 veces. El primero y el último capítulos contienen 10 descripciones cada uno, de 4 tipologías distintas. Los siete capítulos centrales contienen 5 descripciones cada uno, de 5 tipologías distintas. Las descripciones de cada tipología van numeradas de 1 a 5, y ordenadas según un esquema a rombo que se lee por columnas, de arriba a abajo:

1	2	3	4	5											memoria
	1	2	3	4	5										deseo
		1	2	3	4	5									signos
			1	2	3	4	5								delgados
				1	2	3	4	5							intercambios
					1	2	**3**	4	5						ojos
						1	2	3	4	5					nombre
							1	2	3	4	5				muertos
								1	2	3	4	5			cielo
									1	2	3	4	5		continuas
										1	2	3	4	5	escondidas

En el interior de esta plantilla formal la fantasía de Calvino satisface sus antojos describiendo ciudades de todo tipo: soñadas por jóvenes y alcanzadas por viejos, de las que se marcha pero no se vuelve, producidas por un sueño colectivo o por diálogos, definidas por su pasado o por los deseos de sus habitantes, indivisibles o compuestas, hechas de pilotes o de tubos hidráulicos, móviles o suspendidas, subterráneas o reflejas, inolvidables o genéricas, copias del cielo o con una copia en el cielo, con sólo afueras y ningún centro, que crecen en círculos concéntricos, invadidas por animales fantásticos... La ciudad central (en negrita en el esquema) es la invisible que da el título al libro.

A pesar de ser menos ambiciosos y grandiosos que las obras precedentes, son interesantes también algunos divertimentos oulipianos (*Romanzi e racconti*, vol. III, pp. 319-343). Entre ellos destaca el relato «El incendio de la casa abominable» (1973), del que Calvino habría querido extraer una auténtica novela titulada «El orden en el crimen». El punto de partida de la investigación es el hallazgo de un dañado informe sobre los actos abominables llevados a cabo en la casa, que comprende una lista de doce acciones criminales transitivas y no reflexivas: acuchillar, difamar, drogar, inducir al suicidio, atar y amordazar, amenazar con la pistola, prostituir, chantajear, seducir, espiar, estrangular, violar. El texto del relato pone de manifiesto explícitamente el aspecto combinatorio:

> Aun admitiendo que cada una de las doce acciones haya sido llevada a cabo por una sola persona en perjuicio de otra sola persona, reconstruir los acontecimientos es una ardua tarea: si los personajes en cuestión son cuatro, tomados de dos en dos pueden configurar doce informes diferentes para cada uno de los doce tipos de informes enumerados. Las soluciones posibles son, por tanto, doce a la potencia doce, o sea, es menester elegir entre un número de soluciones que asciende a ocho mil ochocientos setenta y cuatro miles de millones, doscientos noventa y seis millones, seiscientos setenta y dos mil doscientos cincuenta y seis.

El interés de Calvino iba, sin embargo, en la dirección contraria, descrita en «Prosa y anticombinatoria» (1981) (*Atlas de littérature potentielle*, pp. 319-331). A saber, se trataba no tanto de generar estúpidamente el enorme número de posibilidades, cuanto más bien de programar inteligentemente una computadora que lograse aislar en su interior una necesidad, llegando de este modo a la verdad. Este procedimiento de poda (*pruning*) del árbol de las posibilidades, típico de la informática moderna, revela una sofisticada y moderna concepción de la computadora, entendida no como sustituto del hombre en sus papeles creativos e interesantes, sino como auxilio en las tareas mecánicas y aburridas.

Otro significativo juego oulipiano de Calvino es la «Poesía a lipogramas vocálicos progresivos» (1977), pequeña suma del *lipograma*, que consiste en escribir sin emplear una o más letras del alfabeto:

Aiuole obliate gialle d'erba, sa
un cupo brusio smuovervi, allusione
ad altre estati, cetonia blu-violetta,
enunciando noumeni oscuri: tutto fu

sarà ed è in circolo: dunque è sempre
presente nelle eterne senescenze
e effervescenze d'ere, nel serpente
d'etere, seme, cenere, erbe secche.[1]

El primer verso es una palabra panvocálica, o sea, que emplea todas las vocales y las hace desaparecer progresivamente una a una; en el segundo verso, en cambio, las vocales aumentan progresivamente; el tercero y el cuarto versos repiten los esquemas de los dos primeros, al contrario; el quinto verso se abre con la serie de vocales duplicadas, y el resto de la poesía es un lipograma en 'e'. La estructura de los cuatro primeros versos se puede esquematizar como sigue:

aiuole	A	E	I	O	U			U	un
obliate	A	E	I	O			O	U	cupo
gialle	A	E	I			I	O	U	brusio
d'erba	A	E			E	I	O	U	smuovervi
sa	A			A	E	I	O	U	allusione
ad	A			A	E	I	O	U	enunciando
altre	A	E			E	I	O	U	noumeni
estati	A	E	I			I	O	U	oscuri
cetonia	A	E	I	O			O	U	tutto
blu-violetta	A	E	I	O	U			U	fu

1. Parterres olvidados amarillos de hierba, sabe / un murmullo sombrío removeros, alusión / a otros estíos, cetonia azul-violeta, / enunciando noúmenos oscuros: todo fue // será y está en círculo: conque está siempre / presente en las eternas senescencias / y efervescencias de eras, en la serpiente / de éter, germen, ceniza, hierbas secas.

LECCIONES ITALIANAS

A causa de incesantes y múltiples trabajos en la editorial Einaudi entre 1947 y 1983, al principio como jefe de la oficina de prensa y luego como redactor y asesor, Calvino dedicó literalmente más tiempo y energías a los libros de los demás que a los suyos. La consiguiente reflexión sobre el proceso de escritura, propia y ajena, produjo dos obras admirables de meditación literaria, aparecidas póstumamente: los análisis de *Por qué leer los clásicos* y las síntesis de las inacabadas *Seis propuestas para el próximo milenio*. En las segundas se aclaran las características esenciales de su producción literaria: la rapidez de *Las ciudades invisibles*, la exactitud de *Palomar*, la visibilidad de *Nuestros antepasados* y de *Las cosmicómicas*, y la multiplicidad de *Si una noche de invierno un viajero*.

En el ensayo «La pluma en primera persona» (1977) (*Punto y aparte*), dedicado a los dibujos de Saul Steinberg, Calvino identificaba en Guido Cavalcanti, y más exactamente en el soneto XVIII de sus *Rimas*, el primer ejemplo de una metaliteratura dirigida hacia sí misma, consagrada a la reflexión sobre la escritura y sobre los instrumentos para escribir:

> Noi siàn le tristi penne isbigottite,
> le cesoiuzze e 'l coltellin dolente,
> ch'avemo scritte dolorosamente
> quelle parole che vo' avete udite.
>
> Or vi diciàn perché noi siàn partite
> e siàn venute a voi qui di presente:
> la man che si movea dice che sente
> cose dubbiose nel core apparite...[2]

2. Nosotras somos las tristes plumas aplastadas, / las tijeritas y el cuchillito doliente, / que habíamos escrito dolorosamente / aquellas palabras que vos habéis oído. // Ora os decimos porque hemos partido / y hemos llegado hasta vosotros aquí en presencia: / la mano que se movía dice que siente / cosas dudosas en el corazón aparecidas...

La pluma de Cavalcanti, que escribe sobre la mano que la sujeta para escribir sobre la pluma y sobre la mano, está representada gráficamente en las plumas de los famosos dibujos de Steinberg (19??) y Escher (1948), que dibujan las manos que las sujetan para dibujar las plumas y las manos.

No se le escapa a Calvino que una etapa importante e inesperada de la historia de la metaliteratura se encuentra en un pasaje del *Diálogo sobre los dos máximos sistemas*, donde Galileo reduce la escritura y la pintura a una sola línea interminable:

> aquellos trazos tirados en tantos versos, para acá, para allá, hacia arriba, hacia abajo, adelante, atrás, y entrelazados con cien mil vilortas, no son, en esencia y realísimamente, más que retazos de una línea sola trazada toda por un mismo verso, sin ninguna otra alteración que el declinar del trazo derechísimo a veces un poquito a la derecha y a la izquierda y el moverse la punta de la pluma ora más rauda ora más tarda, mas con mínima desigualdad.

La imagen de la escritura como una línea ininterrumpida, representada gráficamente por Laurence Sterne en su *Tristram Shandy*, se encuentra casi idéntica en el parágrafo final de *El barón rampante*, casi subrayando la influencia galileana en la obra de Calvino:

> un bordado hecho sobre la nada que se asemeja a este hilo de tinta que he dejado correr por páginas y páginas, lleno de tachaduras, de remisiones, de chafarrinones nerviosos, de manchas, de lagunas, que a veces se desgrana en gruesos granos claros, a veces se espesa en signos minúsculos como semillas puntiformes, ora se retuerce sobre sí mismo, ora se bifurca, ora enlaza grumos de frases con contornos de hojas y de nubes, y luego se atasca, y luego vuelve a enroscarse, y corre y corre y se devana y envuelve un último racimo insensato de palabras, ideas, sueños, y se acabó.

Las autointrospecciones literarias, que ocupan las aperturas de los capítulos centrales (IV-IX) y el capítulo final (XII) entero de *El caballero inexistente*, alcanzan la apoteosis en *Si una noche de invierno un viajero* (1979), el irrepetible libro de todos los libros, la hipernovela de la cual Calvino identifica la ideal genealogía en la multiplicidad de las obras del mundo, de los libros enciclopédicos, de los hipertextos que puntean la historia literaria: *Gargantúa y Pantagruel* de Rabelais, *El Quijote* de Cervantes, *Tristram Shandy* de Sterne, *Jacques el fatalista* de Didedot, *Bouvard y Pécuchet* de Flaubert, *En busca del tiempo perdido* de Proust, *Ulises* de Joyce, *El hombre sin atributos* de Musil, *La montaña mágica* de Mann, *Ficciones* y *El aleph* de Borges, *Aprendizaje del dolor* de Gadda, *La vida, instrucciones de uso* de Perec, *El arco iris de gravedad* de Pynchon...

En el ensayo «La estructura del Orlando» (*Por qué leer los clásicos*), Calvino observaba que el poema de Ariosto se niega a comenzar y se niega a acabar. Su última novela, al principio titulada simplemente *Íncipit*, se niega por contra a continuar: es un libro de comienzos, como el *Museo de la novela de la eterna* (1967) de Macedonio Fernández, cuyo título provisional era *Una novela que comienza* (1941).

Si una noche de invierno un viajero de Italo Calvino empieza así: «Estás a punto de empezar a leer la nueva novela de Italo Calvino». Los protagonistas son un Lector y una Lectora, a los cuales se añade un coro que comprende autores, traductores, redactores, plagiarios, falsificadores y censores por un lado, y no lectores, lectores ocasionales, de vocación, de profesión, y críticos por el otro. La historia es el intento vano de los dos protagonistas de hallar y leer un ejemplar corregido y completo de la novela *Si una noche de invierno un viajero* de Italo Calvino. La tentativa se frustra diez veces por defectos, hurtos, secuestros y censuras de los diferentes ejemplares, que en realidad son diez novelas escritas por diez autores en diez lenguas distintas. De esos ejemplares se consiguen leer solamente diez comienzos, en diez situaciones de lectura. En el transcurso de las vicisitudes el Lector y la Lectora se enamoran, se leen sexualmente el uno al otro, y al final se casan. *Si una noche de invierno un viajero* de Italo Calvino acaba así: «Estoy a punto de acabar *Si una noche de invierno un viajero* de Italo Calvino».

La estructura profunda del libro es mucho más compleja que la ya nada sencilla estructura superficial recién descrita. Los acontecimientos relativos a los protagonistas están regulados por

42 cuadrados semióticos, comentados por Calvino en los versos de «Cómo he escrito uno de mis libros» (*Oulipiana,* pp. 153-170). A título de ejemplo, he aquí el primero de los cuadrados:

$$\begin{array}{ccc} L & \longrightarrow & l \\ \uparrow & \longrightarrow & \downarrow \\ l' & \longrightarrow & L' \end{array}$$

El lector externo (*L*) lee el libro externo (*l*).
El libro externo narra del lector interno (*L'*).
El lector interno no lee el libro interno (*l'*).
El libro interno no narra del lector externo.
El lector interno querría ser el lector externo.
El libro externo querría ser el libro interno.

Los diez comienzos son variaciones sobre un mismo tema, y representan soluciones descartadas en la búsqueda de la «verdadera novela» que no se alcanza nunca. Cada uno realiza un explícito deseo estético manifestado por la Lectora en el capítulo correspondiente. Los diez estilos están determinados por un esquema a árbol de Porfirio, descrito en «Si una noche de invierno un narrador» (*Romanzi e racconti,* vol. II, pp. 1388-1397). Los diez títulos están elegidos de forma tal que puedan leerse en secuencia, y constituyen un undécimo comienzo de novela:

> Si una noche de invierno un viajero, fuera de la población de Malbork, asomándose a la costa escarpada sin temer el viento y el vértigo, mira hacia abajo donde la sombra se espesa en una red de líneas que se enlazan, en una red de líneas que se intersecan sobre el tapete de hojas iluminadas por la luna alrededor de un hoyo vacío, «¿Qué historia allá abajo espera el final?», pregunta, ansioso por escuchar el relato.

En los versos de comentario a los cuadrados semióticos, Calvino propone una serie de moralejas: el verdadero mundo no será nunca un libro, el verdadero libro no se puede ni escribir ni leer, los libros escritos o leídos son siempre otros, el libro leído y el libro escrito no son el mismo libro, se escribe y se lee siempre un falso libro, no se puede distinguir un libro verdadero de uno falso, el verdadero libro se esconde entre los falsos, los falsos lectores son los verdaderos protagonistas, los falsos comienzos son la verdadera continuación, el lector ignora la fatiga de la escritura, el escritor olvida el placer de la lectura, el lector no se ocupa del escritor, el escritor no se ocupa del lector, el lector debería leer otro libro, el libro debería ser leído por otro lector, la vida sigue pero el libro termina.

Sin embargo, de repente también la vida del autor termina. Es inútil preguntarse qué habría podido escribir Calvino después de una obra tal,[3] si no hubiese muerto, en 1985, a los 62 años: ni siquiera la fantasía de Borges supo concretizar la idea, repetidas veces acariciada, de un relato sobre la obra que Dante habría querido escribir después de la *Comedia*. Desde aquella noche de invierno debemos conformarnos con su silencio, que habla en todo caso a quien lo sabe escuchar. Se narra, en efecto, que un día, en un congreso, se le dijo a Borges que entre aquellos que habían acudido a saludarlo estaba Calvino, y que él reveló: «Lo he reconocido por el silencio».

PEQUEÑO FORMULARIO FIGURADO

Transcribimos, a título de curiosidad, una lista de términos matemáticos usados por Calvino en sus obras literarias, como demostración de un interés constante y profundo:

- *Nuestros antepasados*: ángulos rectos (17), compases (18), simetría (21), triángulos (26), círculos (74), ángulos (84), perspectiva (91), tablas pitagóricas, escuadras, compases (266), triángu-

3. *Palomar* y *Cosmicómicas viejas y nuevas* aparecieron después pero completan proyectos comenzados mucho antes.

lo isósceles (309), cuadrados, pirámides, teorema de Pitágoras (310), geometría secreta (355), línea quebrada a ángulos (357), esquema geométrico (401).

- *Cosmicómicas*: e, π (157), paralelas (184), poliedros, ángulos rectos (188), polinomios (204), simetría radial, espirales (207), volúmenes (217), triángulos (242), ejes horizontales, verticales y de rotación, sólidos, lados, aristas, ángulos (248), caras, aristas, cubos, octaedros, prismas (250, 253), poliedros, perímetro, ángulo recto (251), hexágono (254), elevación al cuadrado, crecimiento exponencial (276), progresión geométrica (299), punto fijo (313), semicírculo (337), figura regular, sólido, poliedro, hiperpoliedro, esfera, hiperesfera, relación numérica, fórmula algébrica (350), espirales (355) sumas, múltiples, potencias, factoriales (1261), probabilidades (1262).
- *Palomar*: perpendicular, paralela, ángulo recto (878), abstracción geométrica de un ángulo, diagramas vectoriales, haces de rectas que convergen y divergen (886), conjunto, subconjunto, intersección (899), postulados de Euclides (906), círculos concéntricos (951), rectas, círculos, elipses, paralelogramos de fuerzas, diagramas con abscisas y ordenadas (964), fórmulas algébricas, derivadas, integrales (1414).

6. Una Comedia matemática

Al principio Dios creó el cielo y la tierra, y *a mitad* del camino de nuestra vida Dante se encontró por una selva oscura. El extravío de la recta vía acontece la noche del Viernes Santo de 1300, primer año jubilar de la historia, cuando el poeta tiene 35 años: coincide, por tanto, con la mitad exacta del ciclo de 10 metamorfosis que se suceden cada 7 años en las que, siguiendo el verso 10 del *Salmo 89*, se creía que se articulaban los 70 años de una vida perfecta. Pero también a 6500 años del instante de la creación, según el testimonio de Adán en el *Paraíso* (XXVI, 92): el «antiguo padre» declara, en efecto, haber vivido 930 años y haber esperado en el limbo otros 4302 antes de la liberación, acaecida el Sábado de la pasión. Dado que en el *Convivio* Dante afirma que Cristo murió a 33 años exactos de la encarnación, por tanto en el año 32 d.C., el 1300 se convierte también en la mitad exacta del ciclo de 13000 años en los que se creía articulada la vida del universo. Una fecha doblemente simbólica, por tanto, que divide en partes iguales la vida personal de un hombre y la historia interpersonal de la humanidad.

La teoría del ciclo cósmico, que Dante toma prestada de Empédocles (*Infierno*, XII, 41-43), adquiere una fascinación especial si es vista con ojos modernos. El filósofo de Agrigento consideraba, en efecto, que al principio había el caos, en el que las cuatro «raíces de todas las cosas» estaban unidas en armonía. Fue la fuerza del Odio la que las separó, determinando la formación de las cosas del mundo, y será la fuerza del Amor la que las reunificará, volviendo al reino del caos. Platón denominó «elementos» a las cuatro raíces, pero basta llamarlas «fuerzas» para obtener una prefiguración de la denominada Teoría Estándar, según la cual, al principio, las cuatro fuerzas fundamentales de la naturaleza estaban unificadas. A resultas de la explosión del Big Bang se determinaron sucesivas roturas de simetría que separaron una tras otra la fuerza gravitacional, la nuclear fuerte y débil, y la electromagnética. La física moderna no está aún en condiciones de decirnos, sin embargo, si la historia del universo seguirá para siempre bajo el signo del Odio o si, al contrario, al final el Amor prevalecerá: en otras palabras, si la expansión del universo continuará infinitamente, o si en cambio se invertirá con una contracción que desemboque en un Big Crunch.

Dante pone a Empédocles en el limbo junto a los matemáticos Tales y Euclides (*Infierno*, IV, 137 y 142), y encuentra la manera de citar un teorema de cada uno. En verso: «o si de un semicírculo se hacen triángulos que un recto no tuviesen» y «igual que entienden las terrenas mentes, que un triángulo de obtusos no es formado» (*Paraíso*, XIII, 101-102, y XVII, 15). En prosa: un triángulo inscrito en un semicírculo ha de ser rectángulo, y un triángulo solamente puede tener un ángulo obtuso. Estos ejemplos denotan, sin embargo, un conocimiento indirecto de la matemática griega, a través de Aristóteles: el primer teorema está demostrado, en efecto, en los *Analíticos segundos* (94a), y el segundo en la *Metafísica* (1051a).

A pesar de las limitaciones de sus conocimientos técnicos, Dante logró aprovechar al máximo las potencialidades metafóricas de la matemática, sobre todo en los momentos en los que la rarefacción del *Paraíso* puso a prueba la «nobleza» de su mente y su elevada fantasía. Por ejemplo, queriendo expresar la enormidad del número de centellas que se le aparecieron en los círculos angélicos, prefirió a un genérico infinito una precisa pero enorme finitud: «y tantas eran, que el número de ellas más que el doblar del ajedrez subía» (XXVIII, 92-93). La referencia es, aquí, a la leyenda sobre la invención del juego del ajedrez, según la cual su inventor habría querido que el visir le pagara con un grano de arroz en la primera casilla del tablero, con dos en la segunda casilla, con cuatro en la tercera, y así sucesivamente: el total, obtenido multiplicando 63 veces consecutivas el 2, es un número del orden de 18 trillones.

Llegado a la presencia divina, ya casi al término de su viaje, el poeta se dirige a la matemática no sólo para describir su última visión, sino también para cuantificar su sensación de impotencia. La Trinidad se representa mediante «tres giros de tres colores y una continencia», y a Dante: «lo mismo que al geómetra le apura el círculo medir, pero no acaba de encontrar el principio que procura» (*Paraíso*, XXXIII, 116-117 y 133-135). Dios es, pues, un triple círculo que el poeta trata inútilmente de cuadrar, en la vana búsqueda de la solución del más conocido y refractario problema geométrico de la antigüedad: la construcción, mediante regla y compás, de un cuadrado de área equivalente a un círculo dado. Problema que, dicho sea por inciso, en 1882, Ferdinand Lindemann demostró que es efectivamente insoluble.

La matemática más interesante de la *Comedia*, sin embargo, se cela en las profundidades de los recintos y en las alturas de los cielos, donde Dante (acaso sin saberlo) la dispersó. Uno de los primeros y más ilustres exegetas de la estructura del mundo dantesco fue Galileo Galilei, que en 1588 dictó *Dos lecciones en la Academia Florentina sobre la figura, sitio y grandeza del Infierno de Dante*. Después de principiar declarando que el estudio del infierno es aún más maravilloso que el de la naturaleza, Galileo pasa a determinar las medidas de los recintos y bolsas de manera científica, o sea, mezclando apropiadamente observación experimental y deducción lógica.

Uno de los datos cruciales es el verso que establece la medida de la novena bolsa: «que millas veintidós el valle abarca» (*Infierno*, XXIX, 9). Inmediatamente el número hace parar mientes en la relación numérica de 22 a 7, determinado por Arquímedes como medida aproximada de la relación geométrica entre circunferencia y diámetro de un círculo: puntualmente, Galileo deduce que el diámetro de la novena bolsa es de siete millas. Dante y sus contemporáneos no conocían a Arquímedes, el cual, en efecto, no se encuentra mencionado en limbo junto a Tales y Euclides, pero ese resultado específico era conocido por Fibonacci de Pisa y, de alguna forma, debió llegar a los oídos del poeta.

Como la décima bolsa mide 11 millas (*Infierno*, XXX, 86), la novena bolsa ha de tener una longitud de 1,75 millas: suponiendo que todas las bolsas tengan la misma longitud, Galileo deduce que Malebolge tiene un diámetro de 35 millas. El infierno entero tiene, en cambio, la forma de un *cono* de sección triangular equilátera, con el vértice en el centro de la tierra y la altura pasando por Jerusalén. Dado que Nápoles se encuentra en los alrededores de la base del cono, Galileo piensa que la selva oscura puede estar cerca de Cuma, es decir donde Virgilio había colocado, en el canto VI de la *Eneida*, la entrada del Infierno.

La estructura del *Paraíso* es más complicada y se ha visto obligada a esperar hasta el siglo XX para ser comprendida: se trata de una *hiperesfera*, o sea, de una esfera de cuatro dimensiones, representada, sin embargo, en el espacio de tres dimensiones. Para entender cómo sucede, supongamos que miramos la tierra desde el Polo Sur: veremos los paralelos del hemisferio meridional como una serie de círculos crecientes, que alcanzan un máximo en el Ecuador. Para poder ver más allá deberíamos trasladarnos hasta el Ecuador: entonces veríamos los paralelos del hemisferio septentrional como una serie de círculos decrecientes, que alcanzan un mínimo en el Polo Norte. No obstante, si abriésemos la Tierra como si fuese una flor, los paralelos septentrionales circundarían a los paralelos meridionales, y el Polo Norte se desplegaría en derredor de todo.

Análogamente, mirando el Paraíso desde la Tierra, Dante ve los cielos como una serie de esferas crecientes, que alcanzan un máximo en el Primer Móvil. Para que mire más allá, Beatriz lo acompaña hasta el Empíreo, donde ve las sedes angélicas como una serie de esferas decrecientes, que alcanzan un mínimo en un punto deslumbrante, que es Dios. Beatriz explica que, de hecho, aquel punto es la esfera mayor y que encierra todo lo que parece encerrar.

Sorprendentemente, ésta es justamente la manera como hoy vemos el universo a través del telescopio: el esférico frente de expansión de las galaxias, que se encuentra a la distancia recorrida por la luz desde el momento del Big Bang, es, en realidad, la imagen desplegada de aquel instante inicial. Lo cual permite interpretar al Dios dantesco como la imagen de la creación, el «punto en el que todos los tiempos son presentes» (*Paraíso*, XVII, 17-18).

7. La verdad del Caballero Errante

CABALLERO DEMENTE EN LUCHA ESPECTRAL

Madrid, España. Se atribuye a histerismo de guerra la extraña conducta de don Quijote, un caballero local que ayer mañana fue detenido mientras «combatía» con un molino de viento. Quijote no supo dar explicaciones de sus actos.

Esta noticia, publicada en el *Toronto Star Weekly* el 20 de agosto de 1921 y firmada por Ernest Hemingway, no es más que una de las múltiples citas de autor de *El Quijote*: de Laurence Sterne, quien en *Tristram Shandy* (IX, 24) habla de «mi amado Cervantes», a Milan Kundera, quien en *El arte de la novela* lo define «el fundador de los Tiempos modernos».

La atención dedicada por los escritores a un libro que comienza con un llamamiento al lector y termina con un discurso en primera persona de la pluma de su autor, expone inmediatamente su naturaleza metalingüística: la historia del caballero errante y de su escudero es, de hecho, sólo una excusa para hablar de las abigarradas caras de la misma literatura, desde el productor hasta el consumidor.

Para empezar, son precisamente los libros los que provocan la locura de Alonso Quijano: la lectura de demasiadas novelas de caballerías le quema el cerebro, ocasionando una inversión entre realidad y ficción. Don Quijote toma los molinos de viento por gigantes, las campesinas por damas, las hosterías por castillos, las bacías por yelmos... Su mundo se ha convertido en fábula, según el lema de otro loco, y su enfermedad terminará por contagiar a muchos, desde Emma Bovary hasta los espectadores de El Gran Hermano.

Si son las (tele)novelas las que provocan la enfermedad del espíritu que aqueja a los distintos don Quijotes, un posible remedio podría consistir en censurar los libros y oscurecer los canales. Ésta es precisamente la vía elegida por el cura y por el barbero, quienes después de la primera breve salida del caballero errante expurgan su biblioteca y encienden una hoguera con las novelas encantadoras: aunque, con las prisas y el cansancio, echan al fuego muchos volúmenes que habrían debido salvar (I, 6).

Entre los libros con los que cuenta la biblioteca está también *La Galatea* de Cervantes, quien entra así a formar parte de su misma historia. Pero no directamente, porque entre sí y su personaje interpone una larga serie de filtros: Don Quijote es una ilusión de la fantasía enferma del lector Alonso Quijano, protagonista de una novela escrita por el historiador árabe Cide Hamete Benengeli, traducido por un moro y narrado por un español que lo encontró en el mercado de Toledo (I, 9). Este juego de ficciones múltiples genera un libro auténtico de Cervantes, publicado en 1605, que los personajes de la segunda parte han leído y que discuten.

En el enfrentamiento dialéctico entre las dos partes, una de las cuales se ha (des)materializado en el interior de la otra, se introduce el tercero en discordia: una segunda parte falsa, pero publicada realmente en 1614 por un tal Avellaneda. Cervantes tuvo conocimiento de ello cuando ya estaba a punto de terminar su propia continuación, aparecida al año siguiente, y en los últimos capítulos avanza continuas reivindicaciones de autenticidad. Por ejemplo, uno de los protagonistas del apócrifo se ve obligado a afirmar «que no he visto lo que he visto ni ha pasado por mí lo que ha pasado» (II, 72). Y delante de las puertas del infierno los diablos califican el libro rival de pelota llena de viento (II, 70), jugando con él un partido de tenis con palas de fuego.

Además de libros reales, más o menos auténticos, en el *Quijote* se hallan varios libros imaginarios. En la primera parte, el cura lee integralmente una ficticia *Novela del curioso impertinente*, haciendo que adquiera inmediatamente realidad (I, 33-35). En la segunda parte, Cervantes, anticipando a Borges, reseña las obras de un inexistente e innominado (i)literado: *El libro de las libreas, Metamorfoseos, o Ovidio español, Suplemento a Virgilio Polidoro* (II, 22).

No obstante, ¿en qué sentido la continuación de una historia inventada puede no ser auténtica, o las historias contenidas en aquélla pueden no ser imaginarias? Y, para enfrentarse sin reparos al verdadero dilema del caballero *errante*, ¿qué es la verdad? Cervantes dice explícitamente que es hija «de la historia, émula del tiempo, depósito de las acciones, testigo de lo pasado, ejemplo y aviso de lo presente, advertencia de lo por venir» (I, 9). Fue Borges quien notó, en su divertido relato *Pierre Menard, autor del Quijote,* que si en el siglo XVII ello era un mero elogio retórico, después del pragmatismo se puede leer como que la verdad no es lo que acontece, sino lo que creemos que acontece: perfectamente de acuerdo con el pensamiento de los caballeros errantes que vagan por los medios de comunicación, a caballo o en culebrón.[1]

Por lo que se refiere, en cambio, a la verdad lógica, será menester buscarla en otra parte: en Sancho Panza, que de don Quijote fue el doble. O viceversa, si en un relato de *La muralla china* Kafka dio en lo cierto, suponiendo que don Quijote fuese el diablo de Sancho, por él distraído con lecturas caballerescas. Sea como sea, fue durante la separación entre los dos, mientras el escudero era (o mejor, creía ser) el gobernador de la ínsula Barataria, cuando se le presentó bajo falsa apariencia la venerable paradoja del embustero.

El caso por resolver se refería a un puente, que la ley permitía cruzar sólo después de haber declarado el motivo por el que se quería cruzar. Si la declaración era verídica, se concedía el permiso. Si era mendaz, la pena era la horca. Un día acudió un fulano que declaró que quería cruzar el puente sólo para ser ahorcado en base a la ley.

Sancho notó que, dado que el fulano decía tanto verdad como mentira, se le podía dejar pasar la parte correspondiente a la verdad y ahorcar por la que mentía. Esta solución salomónica, a su vez paradójica, alude en broma a otra seria formulada por Aristóteles: cuando una frase parece ser a un tiempo verdadera y falsa, en realidad, se trata de dos aspectos distintos de la misma.

1. Caballo y culebrón (en italiano *biscione*) son, respectivamente, los símbolos de la RAI y de Mediaset, los dos grandes bloques de la televisión en Italia, pública y privada. (n.d.t.)

Igualmente paradójicos resultan los contrastes del ignorante Sancho, que a veces exhibe una inesperada racionalidad, y del culto don Quijote, que a menudo es presa de una inexplicable irracionalidad: por ejemplo, cuando declara que el caballero errante «ha de saber las matemáticas, porque a cada paso se le ofrecerá tener necesidad dellas» (II, 18).

Mientras que en la primera parte don Quijote se engaña él solo, en la segunda parte es engañado por otros, comenzando por el mismo Sancho. Si la primera condición revela una auténtica locura, la segunda es más bien una tontería que preludia a su sentar la cabeza. Y, en efecto, al final Quijano se recupera, pero no sobrevive: incapaz de sustituir una imaginaria poesía con la prosaica realidad, paga con la muerte física un renacimiento espiritual. Concluye, pues, con una postrera y trágica paradoja la historia de un caballero errante que, nació «para vivir muriendo» (II, 59), vivió enloqueciendo y murió recobrando la razón.

8. La lógica de Sherlock

El 6 de mayo de 1891, en el *Journal de Genève*, apareció la noticia de la muerte de Sherlock Holmes, retomada al día siguiente por todos los periódicos ingleses. El gran investigador, conocido en el mundo entero por su lupa, su pipa, su sombrero y su capa, se había caído al precipicio de la cascada helvética de Reichenbach agarrado a su archienemigo, el profesor Moriarty, un matemático de elección convertido en un criminal de profesión.

La noticia de la muerte de Holmes impresionó a los lectores, que se habían aficionado a los resúmenes mensuales de sus aventuras en *The Strand Magazine*, pero Conan Doyle sentía ya hacia su detective «los mismos sentimientos que inspira el paté de hígado a quien ya se le ha indigestado una vez», y durante años se negó a hacerlo revivir. En agosto de 1901 cedió por fin, aunque sólo a medias: en efecto, el nuevo ciclo de aventuras, *El perro de los Baskerville*, se presentaba como una serie de reminiscencias del doctor Watson, y no como un auténtico retorno del célebre sabueso.

Sólo en octubre de 1903 Holmes resucitó. O mejor, reapareció después de un largo viaje, declarando misteriosamente: «He estado dos años en el Tíbet, donde me entretuve visitando Lhasa y transcurriendo algunos días con el Dalai Lama». Sobre este viaje no se encuentran más noticias en el *corpus* canónico de los 56 relatos y de las 4 novelas, casi todos narrados en primera persona por el doctor Watson, inspirados en hechos realmente acaecidos, y publicados entre 1887 y 1927. No obstante, toda iglesia y toda fe tienen sus apócrifos, que a veces pueden resultar hasta más interesantes o divertidos que los cánones esclerosados.

Es el caso de *Los años perdidos de Sherlock Holmes,* a cargo del tibetano Jamyang Norbu, quien por puro azar recuperó en Darjeeling documentación de primera mano sobre los años que faltaban en la biografía del seductivo deductivo. En efecto, la necesidad quiso que Holmes estuviese en el Tíbet acompañado por Hurree Chunder Mookerjie, en quien Kipling se había inspirado para el personaje del agente secreto en *Kim,* y también que fuese él quien narrase las aventuras de su viaje en un manuscrito que salió a la luz sólo hace pocos años, y publicado recientemente tanto en italiano como en español.

Con ello nos enteramos de que, a finales del siglo XIX, el Bien y el Mal combatieron dos batallas paralelas en el Techo del Mundo: por un lado la personal entre los redivivos Moriarty y Holmes, por el otro la impersonal entre chinos y tibetanos. Ambas batallas pusieron en peligro la vida del decimotercero Dalai Lama, entonces adolescente, y la segunda asumió aspectos sorprendentemente similares a los de la fuga y del exilio del decimocuarto y actual Dalai Lama. Naturalmente, ello no debe maravillar: al fin y al cabo, en el Tíbet la historia se repite a menudo, y los distintos lamas son sólo reencarnaciones sucesivas de las mismas entidades.

Dado que Sherlock Holmes salvó la vida a su predecesor, es probable que la anamnesis pueda hacer que se asome algo del famoso investigador a la memoria del actual Dalai Lama. Desgraciadamente, cuando no hace mucho lo entrevistamos no lo interpelamos de forma directa a este propósito. Algún indicio indirecto se puede extraer, sin embargo, del singular interés por la lógica que el monje tibetano reveló en aquel coloquio: un interés que, a la vista de los hechos, puede tal vez hacerse remontar al encuentro, en su vida pasada, con un maestro de la grandeza de Sherlock Holmes.

La fama del detective más famoso del mundo va ligada, en efecto, a su método lógico, que combina sabiamente observación, deducción, retroducción y abducción para llegar invariablemente (con una sola excepción) a descubrir al culpable. En otras palabras, emplea todos los procedimientos que están implicados en el método científico en el que declaradamente se inspiró el médico Conan Doyle, modelando su personaje imaginario según el médico real Joseph Bell, y describiéndolo como un sapiente técnico y un insipiente humanista.

Evidentemente, el primer instrumento lógico, y el más clásico, es la deducción o «razonamiento hacia adelante», que parte de las premisas para llegar a las conclusiones. Conan Doyle la describe como «un método infalible como las proposiciones de Euclides», y proporciona ejemplos tan copiosos y memorables que, sobre los mismos, en 1986, William Neblett pudo hilvanar un libro de texto entero, titulado *La lógica de Sherlock Holmes*.

Simétrica a la deducción es la retroducción o «razonamiento hacia atrás», que parte, en cambio, de las conclusiones para llegar a las premisas. De ella habla ya Conan Doyle en su primera y célebre historia, *Un estudio en escarlata*: «La mayoría de la gente, si se le describe una secuencia de acontecimientos, te dice cuál será el resultado. Pueden reunir en su mente un conjunto de acontecimientos y concluir que algo derivará de ellos. No obstante, hay algunos individuos a los que, si se les da el resultado, son capaces de elaborar en su conciencia la serie de pasos sucesivos que han conducido a dicho resultado».

Desgraciadamente, los ejemplos de retroducción que Conan Doyle pone en boca de Sherlock Holmes son, a menudo, ingenuos y ridículos, como cuando se pavonea de improbables e irrealistas reconstrucciones de las cadenas de pensamientos del doctor Watson. De hecho, la retroducción no funciona para nada en contextos aleatorios y complejos como el pensamiento humano, sino sólo en situaciones deterministas y relativamente sencillas como el juego del ajedrez, en el que es bien conocida con el nombre de análisis retrógrado. Ejemplos clásicos y extremos se hallan, por un lado, en la novela *La defensa* de Vladimir Nabokov, y por el otro, en el manualito de lógica *Juegos y problemas de ajedrez para Sherlock Holmes* de Raymond Smullyan.

La mayoría de las veces, sin embargo, el método investigativo de la literatura policíaca en general, y de la de Conan Doyle en particular, se reduce a la abducción, o sea, para decirlo más explícitamente, a «pretender adivinar». Por mucho que intente negarlo, Sherlock Holmes, en *El signo de los cuatro*: «Jamás pretendo adivinar. Es una costumbre reprobable, que destruye las facultades lógicas»; eso es, en realidad, lo que él y los otros grandes investigadores imaginarios hacen continuamente, como demuestran los ensayos recopilados en *El signo de los tres*, a cargo de Umberto Eco y Thomas Sebeok.

Por supuesto, también en las investigaciones reales, incluidas las científicas, se pretende adivinar: pero no a la manera arbitraria de la literatura policíaca, que funciona sólo porque el autor ha construido todo de forma que pueda funcionar, sino a través de una «lógica del descubrimiento» que muchos han intentado codificar, sin lograrlo jamás (y menos aún Popper, a pesar de su tomazo homónimo). Con buenos motivos biológicos, probablemente, porque la naturaleza nos ha proporcionado intuición y razón para afrontar situaciones complementarias de la vida, según que las circunstancias requieran decisiones acaso aproximadas, pero inmediatas, o bien exactas pero elaboradas.

El momento más delicado en el que la abducción interviene en las pesquisas es el de la elección de los casos que examinar, porque estos predeterminan la solución. De hecho, como afirma el mismo Holmes, «cuando se ha eliminado todo lo que es imposible, lo que queda, aunque improbable, ha de ser la verdad». Por tanto, para evitar deducir una tontería como si fuera una verdad real, es preciso evitar postular tonterías como verdades posibles. Y así Holmes añade, en *El vampiro de Sussex*: «Esta Agencia está con los pies bien apoyados en el suelo, y así debe permanecer. El mundo es suficientemente grande para nosotros. No es menester que recurramos a ningún fantasma».

Por contra, es precisamente a los fantasmas a los que recurre, en un par de momentos cruciales, en *Los años perdidos de Sherlock Holmes*. No obstante, en el Tíbet la cosa no parece tan necia como lo sería en el Sussex, ni resulta tan contraria al espíritu de Conan Doyle como lo sería a la carne de Sherlock Holmes. Lo cual, dicho sin recurrir a metáforas, quiere decir que el creador del detective positivista era, en realidad, un ingenuo espiritista, que incluso llegó a escribir un libro para demostrar la existencia (literal) de las hadas, sobre la base de «pruebas» procuradas por dos niñas que luego confesaron que le habían jugado sencillamente una broma. «Elemental, mi querido Watson», debería haber concluido Conan Doyle, pero no lo hizo: como, por otra parte, Sherlock Holmes no pronunció jamás su más célebre dicho.

9. Composiciones y descomposiciones

A mitad del camino de su vida la novela produjo obras memorables, que asumían al narrador y al lector como protagonistas, y la forma y la estructura como contenido. Obras que erigían la divagación en discurso, la interrupción en acción, lo superfluo en necesario, el caos en regla, la multiplicidad en unidad. Obras tales como *La vida y las opiniones de Tristram Shandy* de Sterne, que no temían presentar páginas negras y páginas blancas, capítulos de dos renglones y capítulos sobre los capítulos, espacios vacíos que llenar e historias interrumpidas que continuar según el propio gusto. Obras tales como *Jacques el fatalista* de Diderot, que desenrollaban el Gran Rollo de la escritura fingiendo tejer tramas con hilos inexistentes: «¿Cómo se conocieron? Por azar, como todos. ¿Cómo se llamaban? ¿Y qué os importa? ¿De dónde venían? Del lugar más cercano. ¿Adónde iban? ¿Acaso se sabe adónde se va?».

Después de estas pruebas estrepitosas la novela extravió la recta vía, empantanándose en una selva de colores rosa y negro. La pluma se ha convertido en cámara cinematográfica o en grabadora, y la mayor parte de las novelas escritas, publicadas, reseñadas y leídas no son más que variaciones sobre temas de la antigua tradición homérica del *reportaje* de guerra o de viaje, o de la reciente obsesión freudiana con el inconsciente y el sexo. Casi todos insisten en contar historias: pasando por alto el hecho de que, como hizo notar Nabokov, cuando maduramos nos interesa más bien saber cómo están hechos los libros, no lo que dicen.

Afortunadamente, a lo largo del siglo XX algo cambió para las personas maduras: por ejemplo, Borges comenzó a reseñar libros que jamás fueron escritos. No obstante, ahora no es de él de quien queremos hablar, sino de una entera corriente que arranca de un libro singular y único: *Gestas y opiniones del doctor Faustroll, patafísico* de Alfred Jarry, publicado póstumo en 1911. Además de las aventuras del doctor, que nació en 1898 a la edad de sesenta y tres años y que no envejeció jamás, o al cómputo de la superficie de Dios, definido como la distancia más breve entre cero y el infinito, la novela introduce la patafísica entendida como «ciencia de las soluciones imaginarias», que es a la metafísica lo que ésta es a la física.

Podría parecer una burla, y en parte lo es. Pero no es sólo esto, a menos que no lo sean también la fenomenología y Heidegger, visto que Gilles Deleuze declaró que Jarry abrió la vía a la primera, y fue un precursor del segundo. Y a menos que no lo sean personajes como el pintor Max Ernst, el gráfico Maurits Escher, el fotógrafo Man Ray, el director René Clair, el escritor Eugène Ionesco y el poeta Jacques Prévert: miembros todos ellos del Colegio de Patafísica, fundado el 11 de mayo de 1948 y que aún existe. El Colegio cuenta los años según un calendario perpetuo que comienza el 8 de septiembre de 1873, día del Nacimiento de Jarry, asigna títulos rimbombantes a sus miembros, que van desde Trascendente Sátrapa hasta Sumo Regente, y se estructura en comisiones con nombres imaginativos.

Sin duda, la más famosa de estas comisiones es el *Ouvroir de Littérature Potentielle* (Oulipo), fundado el 24 de noviembre de 1960 en París por el matemático François Le Lionnais y por el escritor Raymond Queneau. Dentro del mejor espíritu patafísico, la literatura potencial es una solución imaginaria a los problemas de la escritura, y constituye el análogo literario de las soluciones imaginarias a las ecuaciones matemáticas, sin las cuales la ciencia moderna sería impensable e impracticable.

El credo del Oulipo, sintetizado por Queneau, afirma que el clásico que escribe su tragedia observando un cierto número de reglas que conoce es más libre que el poeta que escribe sin parar mientes en ello, y es esclavo de otras reglas que ignora. En consecuencia, los oulipianos se inventan constricciones matemáticas que tratan de eludir mediante la creatividad artística: para decirlo con sus palabras, son ratas que construyen trampas de las cuales intentan escaparse. Una vez terminada la obra, unos aceptan hacer públicas las constricciones que han alimentado su inspiración. Otros, en cambio, prefieren mantenerlas secretas y dejar que se juzgue el resultado y no las intenciones.

El Oulipo introdujo aire limpio en la literatura de la segunda mitad del siglo XX, y los oulipianos llegaron a producir obras de valor absoluto: los *Ejercicios de estilo* de Queneau (1947), una serie de noventa y ocho variaciones sobre un único tema; *La disparition* de Georges Perec (1969),[1] una historia escrita enteramente sin la letra «e», y que narra precisamente su desaparición; *Si una noche de invierno un viajero* de Italo Calvino (1979), una novela formada por diez comienzos de novela, cuyos títulos forman otra más, la undécima; *La bella Hortensia* de Jacques Roubaud (1985), en la cual autor, narrador, personajes y lector se encuentran implicados como protagonistas; *Cigarrillos* de Harry Matthews (1987), que construye la axonometría de una historia a partir de una serie de vistas en perspectiva; *Por qué no he escrito ninguno de mis libros* de Marcel Bénabou (1986), que paradójicamente justifica su mismo título...

Naturalmente, el problema de traducir obras de este tipo es más complicado de lo normal, y a menudo requiere una reescritura de la obra en base a las constricciones originales. Es justamente lo que hizo, por ejemplo, Umberto Eco en la traducción de los *Ejercicios de estilo*, dado que se vio obligado a eliminar algunas de las variaciones, basadas en procedimientos (como la homofonía) que funcionan bien en francés y mal en italiano, y a sustituirlas con otras.

Precisamente a raíz de los problemas de la traducción de la primera antología de opúsculos publicados por el Oulipo (*Oulipiana*, 1995) nació el *Opificio di Letteratura Potenziale* (Oplepo), fundado en noviembre de 1990 en Capri por el ingeniero Raffaele Aragona y los francesistas Ruggero Campagnoli y Domenico D'Oria. El Oplepo, presidido actualmente por el poeta y escritor Edoardo Sanguineti, constituye la versión italiana del Oulipo, aunque con las debidas diferencias. En particular, la componente matemática es menos marcada, reduciéndose prácticamente

1. En la versión castellana, titulada *El secuestro* (Barcelona, Anagrama, 1997) y traducida por Marisol Arbués, Mercè Burrel, Marc Parayre, Hermes Salceda y Regina Vega, la letra que desaparece es la «a». (n.d.t)

al autor de estas líneas, y por el contrario ve el predominio de una vena enigmática.

Un ejemplo divertido de ésta es el de la criptografía mnemónica,[2] cuyo mecanismo consiste en hallar significados alternativos para expresiones de uso común. Por ejemplo, notando que «cucharilla» es un *medio minuto de recogimiento*; «gama alta», una *cérvida de gran alzada*; «falta personal» indica que *no hay trabajadores*; y «despedirse a la francesa» corresponde a *decir aurevoir*...

Se ha publicado ya una antología *Oplepiana* (2002), análoga a la recopilación oulipiana, que se complementa con *Enigmatica* (1996), *Le vertigini del labirinto* (2000) y *La regola è questa* (2002) de Raffaele Aragona, que recogen aportaciones históricas y críticas muy variadas. En cambio, para llevar la mirada hasta más allá de la literatura, hacia otras artes y ciencias, cabe dirigirse a *Attenzione al potenziale* de Brunella Eruli (1994) y a *Forse Queneau. Enciclopedia delle Scienze Anomale* de Paolo Albani y Paolo della Bella (1999). Obras, éstas, que ya con el título evocan aquellas potencialidades y anomalías de las que partíamos, y en las cuales acaso se pueden reconocer la realidad y la regla de la literatura. Mejor dicho, sin lugar a dudas, ¿por Queneau?

2. La criptografía mnemónica es un tipo de juego enigmístico muy popular en Italia. En el *Diccionario de enigmística* (Octaedro 2004) los autores proporcionan más detalles sobre el mismo. El primer ejemplo es la traducción literal de una mnemónica italiana conocidísima; los otros tres son, respectivamente, de *Peppone*, Màrius Serra e *Idea*. (n.d.t.)

10. ¿Quién robó?

El Oulipo nació, en 1960, a partir de una idea del matemático François Le Lionnais y del literato Raymond Queneau, con el objetivo de proponer y realizar obras literarias de estructura matemática. Uno de los ejemplos más conocidos y más logrados de esta singular poética es *La vida instrucciones de uso*, realizada por el literato Georges Perec sobre la base de una estructura propuesta por el matemático Claude Berge.

Aunque el Oulipo posee dos almas, en general cada uno de sus miembros posee sólo una, según el lema: «a cada uno lo suyo». Sin embargo, existe al menos un caso en que las dos almas conviven completamente en una sola persona: se trata de Jacques Roubaud, quien entró a formar parte del grupo en 1966 y hoy día es su exponente más representativo aún en vida.

De qué forma emprendió, desde la adolescencia, dos recorridos aparentemente paralelos, pero sustancialmente convergentes, lo contó él mismo en dos recientes volúmenes autobiográficos: *Mathématique* (1997) y *Poésie* (2000). El primero narra sus estudios de matemática con personajes del calibre de Laurent Schwartz y Claude Chevalley, y contiene interesantísimas divagaciones: desde una exposición de la filosofía bourbakiana hasta un análisis del estilo *literario* en los *Elementos de matemática*, desde una crítica de la ética elitista de André Weil hasta una reivindicación de la poética como rama de la matemática aplicada.

El segundo libro describe, en cambio, su amor juvenil por la poesía, de los trovadores a Petrarca, y cómo desembocó en el estreno poético de Roubaud: $\in$ (1967). Ya desde el título, que es el símbolo de la pertenencia de la teoría de conjuntos, está clara la inspiración bourbakiana de una obra que, en un principio, iba incluso a llamarse *Elementos de poesía* y que se proponía desarrollar una analogía entre conjuntos y sonetos, por una parte, y estructura de conjuntos y forma poética, por la otra.

A pesar de que en aquel tiempo Roubaud no conocía todavía el Oulipo, la enorme cantidad de constricciones formales que le dio a su proyecto hizo de él un miembro «potencial» del grupo. ∈ consiste, en efecto, en una serie de 361 transformaciones geométricas del soneto, cuya estructura se preserva en abstracto aun con los concretos cambios de la cadencia de los metros, de la disposición de las rimas, de la estructura de las estrofas, del números de versos...

La elección del número de transformaciones viene dictada por una ulterior constricción: ∈ está organizada, de hecho, como una partida de go, de la misma manera que *Alicia a través del espejo* estaba organizada como una partida de ajedrez. Los 361 sonetos están dispuestos en las intersecciones de un tablero ideal de 19 × 19, como el del go, y se dividen en «blancos» (positivos) y «negros» (negativos), igual que las fichas del juego. Cada soneto se puede leer a cuatro niveles: como soneto suelto, como perteneciente a un párrafo, como ficha suelta de la partida, y como perteneciente a una configuración de fichas.

Otra singular obra poética de Roubaud es *Trente et un au cube* (1973), una colección de 31 poemas de 31 versos de 31 sílabas. El carácter multiplicativamente no descomponible del número primo 31 sugiere que *no* se trata de una obra combinatoria, al estilo de los *Cent mille milliards de poèmes* de Queneau. Y, en efecto, su estructura se basa en la descomposición aditiva de 31 en la suma de 5, 7, 5, 7 y 7, que aparece empleada en tres dimensiones: para la subdivisión en altura de los poemas en grupos, en longitud de los versos en estrofas, y en longitud de las sílabas en ritmos métricos.

Se trata, en ese caso, de una doble inspiración japonesa: por una parte los ritmos de los *tanka,* 31 sílabas repartidas métricamente de la forma más arriba indicada, y por la otra parte los «poemas de poemas» de las *renga* (estrofas encadenadas). Con una ulterior inspiración derivada de los trovadores, según la definición de la poesía de Bernart Marti:

Ainsi je vais entrelaçant
les mots et rendant pour les sons
comme la langue est enlacée
a langue dans les baiser.[1]

La poesía conforma, además, la obra en prosa de Roubaud, sobre todo el ciclo novelesco de Hortensia: *La belle Hortense* (1985), *L'enlèvement d'Hortense* (1987) y *L'exil d'Hortense* (1990). La estructura, esta vez, se inspira en la de la sextina: 6 estrofas de 6 versos cada una, cuyas últimas palabras 1, 2, 3, 4, 5, 6 se permutan de una estrofa a otra según el esquema 6, 1, 5, 2, 4, 3 inventado hacia finales del siglo XII por Arnaut Daniel, el «mejor forjador» dantesco (*Purgatorio*, XVII, 117).

Se trata de una permutación de 6 elementos de orden 6: o sea, que vuelve al punto de partida al cabo de 6 repeticiones. Lo cual despierta la curiosidad por saber mediante qué otros números n, además de 6, es posible construir n-inas análogas a la sextina, basadas en la misma permutación n, 1, $n - 1$, 2... Esas formas de literatura potencial también se denominan *queninas* en honor a Queneau, que llamó la atención sobre ellas en *Bâtons, chiffres et lettres*.

En 1993, Roubaud, en una de sus aportaciones a la «Biblioteca Oulipiana» (núm. 66), afrontó el problema en su vertiente matemática. Desde luego, algunos números funcionan y otros no: por ejemplo, «cuartetas» análogas a las sextinas no existen, pero «catorcinas» sí. En general, la solución es que las n-inas pueden existir sólo si $2n + 1$ es un número primo. Y si lo es existen, efectivamente, si y sólo si se obtiene 1 al multiplicar n por sí mismo n o $2n$ veces, y si se divide el resultado por $2n + 1$.[2]

Esto es lo que la sextina le inspiró al *matemático* Roubaud. Al *literato*, en cambio, le hizo parar mientes en que se podía escribir una novela organizándola como una sextina: es decir, dividiéndola en 6 partes de 6 capítulos cada una, cuyos argumentos

1. Así yo voy entrelazando las palabras, y devolviendo con los sonidos, como la lengua se abraza a la lengua en el beso.

2. Es decir, si y sólo si n es de orden n o $2n$ en el grupo multiplicativo de los enteros de módulo $2n + 1$.

se retoman de una parte a otra según el esquema de la sextina. Naturalmente, igual que se puede hacer un poema de poemas, se puede imaginar una novela de novelas: el proyecto era, pues, escribir un ciclo de 6 novelas de 6 partes cada una, que constituyera una gigantesca sextina de sextinas, aunque luego el ciclo se interrumpiera a mitad.

Además de empleada en cuanto estructura, la sextina se evoca en las tres novelas innumerables veces: en el nombre del príncipe Arnaut Danielskoï, en el orden de sucesión de los príncipes herederos, en los tatuajes de sus nalgas, en la chacona con 36 variaciones, en el *Hexahexamithi* con 36 relatos, en los pisos de las torres de la biblioteca, en los versos del inspector poldevo, en los pedidos de bebidas en el bar, en las recetas de cocina... Entre otras cosas, es justamente una imperfección del orden cíclico de aparición de los príncipes en los capítulos lo que permite descubrir al asesino en *L'enlèvement d'Hortense*.

Sextinas aparte, el ciclo constituye una síntesis feliz entre las formas sin contenido de buena parte de la literatura oulipiana y los contenidos sin forma de otra buena parte de la literatura convencional. Las tres novelas exhiben además una nada común dosis de inteligencia, mientras es la ingeniosidad la que prevalece en *La princesse Hoppy ou Le conte du Labrador*, que constituye una aplicación del denominado *principio de Roubaud*: un texto con una estructura matemática es menester que ilustre las propiedades de dicha estructura.

En el caso en cuestión, como sea que la novela narra una historia de complots entre cuatro reyes, su estructura se basa en la relación «x complota con y contra z». En el interior de la historia, por tanto, la princesa y su perro determinan la exacta naturaleza algébrica de la relación. En particular, descubren que cumple la propiedad asociativa: el rey contra el que complota a cuando visita al rey contra el cual complota b cuando visita a c, ha de ser el mismo contra el que complota el rey contra el que complota a cuando visita a b, cuando visita a c.

Como es fácil imaginar, seguir el hilo de la novela no es sencillo, y por ese motivo Roubaud se apresura a formular decenas de preguntas al lector para verificar su comprensión. Ello sucedía ya en el ciclo de Hortensia, en el que estaban implicados, en una trama de relaciones, el autor, el narrador, el editor y, sobre todo, el lector, por una vez protagonista no pasivo, como a menudo es suficiente para la literatura, sino activo, como es siempre necesario en matemática.

11. Philip Dick, visionario y charlatán

Decía Primo Levi que hoy día la auténtica ciencia ficción es la ciencia, porque la imaginación literaria no puede competir en inventiva con las realizaciones tecnológicas. Consiguientemente, la mejor ciencia ficción hace tiempo que dejó de lado su fijación con los inventos científicos, y se ha encaminado hacia la especulación filosófica.

Uno de los exponentes más estimulantes de este nuevo curso fue Philip Dick, nacido el 16 de diciembre de 1928. Su obra es una continua incursión en aquella reserva de caza, ahora ya abandonada por los dimisionarios de la filosofía, cuyos confines están definidos por las preguntas ¿qué es verdaderamente la realidad? y ¿qué es verdaderamente el hombre?

Influenciado por la lectura del caso clínico freudiano del presidente Schreber, Dick se entretuvo ante todo con protagonistas aparentemente paranoicos, que son, por contra, los únicos en conocer la verdadera realidad que todo el mundo ignora. En la novela *Tiempo desarticulado* exploró, en cambio, la posibilidad opuesta, en la que todos saben pero conspiran a fin de que el protagonista sea el único en no conocer la verdadera realidad, como en la película *El show de Truman*.

En 1962, Dick obtuvo su primer éxito con *El hombre en el castillo*, en la actualidad un clásico de lo contrafactual. O sea, de aquel género que se desarrolla a partir de premisas del tipo ¿y si las cosas hubiesen sido distintas? El caso específico atañe la Segunda Guerra Mundial: Rusia cede a la presión alemana, los japoneses invaden Hawai, Rommell derrota a los ingleses en África, los aliados capitulan en 1947, sus líderes son procesados por crímenes de guerra... El libro contiene, además, una segunda novela, que desarrolla, dentro del mundo ficticio de la primera, una ulterior hipótesis contrafactual: ¿Y si en cambio el Eje hubiese *perdido* la guerra? La novela en la novela, sin embargo, no describe exactamente nuestra realidad, la «verdadera», sino sólo una que se le asemeja.

Después de haber producido obras en las que la realidad estaba distorsionada por factores físicos, bioquímicos, psicológicos o sociológicos, en 1969, Dick escribió *Ubik*, su mejor novela. Esta vez los protagonistas no son víctimas del tiempo ramificado, de la droga, de la enfermedad mental o de la conspiración, sino de la muerte misma. Sus cuerpos fueron hibernados poco después de la defunción y en sus mentes en disolución se mantiene, durante un cierto tiempo, una vida cerebral que genera una imagen ficticia de la realidad, y que seres externos tratan de influenciar, como en el *Libro tibetano de los muertos*, en el que *Ubik* se inspira abiertamente.

Como puede imaginarse, a fuerza de jugar con el fuego, Dick terminó por quemarse el cerebro y perder completamente el sentido de la realidad. En febrero de 1974 tuvo lo que los religiosos denominan experiencia mística y los psiquiatras delirio esquizofrénico. Durante horas le centellearon en la mente millones de obras de arte abstracto del estilo de Klee y Kandinsky, y durante meses fue «reeducado» por una voz metálica a la que dio el nombre de *Valis*, un acrónimo que significa «vasto sistema activo, vivo e inteligente».

A lo largo de ocho años trató de comprender la naturaleza de su experiencia. La analizó desde todos los puntos de vista posibles en las ocho mil páginas de la *Exégesis*, de la que sólo se publicaron algunos extractos espeluznantes. Habló de ella en una conferencia que provocó escándalo, titulada «Si consideráis que este mundo es malvado, deberíais ver otros». Y la narró en la gnóstica *Trilogía de Valis*, confirmando plenamente la intuición de Borges de que la teología es una rama de la literatura fantástica.

El 17 de noviembre de 1980 Dick tuvo una teofanía durante la cual vio por fin a Dios en persona. El 2 de marzo de 1982 murió. Pocos meses después estalló en la pantalla *Blade runner*, la mítica película basada en la novela *¿Sueñan los androides con ovejas eléc-*

tricas?, en la que Dick había afrontado la pregunta fundamental de la era cibernética ¿cómo puede distinguirse una máquina de un hombre?

En uno de sus ensayos, él mismo sintetizó el problema de la siguiente manera: «Tal vez un día veremos un hombre disparar a un androide recién salido de una fábrica de criaturas artificiales, y el androide, con gran sorpresa del hombre, empezará a sangrar. El robot a su vez disparará y, con gran sorpresa por su parte, verá una voluta de humo levantándose de la bomba eléctrica que se halla en el lugar del corazón del hombre. Será un gran momento de verdad para ambos». A nosotros no nos queda más que esperar y confiar.

12. Doctor Sidereus

En 1976, la Asociación de Escritores Americanos de Ciencia Ficción expulsó a Stanislav Lem en cuanto miembro honorario reo de haber escrito *Ciencia Ficción: un caso sin esperanza (con excepciones)*. Según las compartibles acusaciones lanzadas en el ensayo de Lem, el noventa y nueve por ciento de la ciencia ficción es un género de consumo mercantilizado y masificado y, por tanto, adocenado y estereotipado. Por si esto fuera poco, demasiado a menudo, anquilosado entre dos extremos: las ingenuas inversiones del mundo real y las fáciles invenciones de mundos fabulosos.

Según Lem, una ciencia ficción digna de este nombre debería, ante todo, evitar lo existente y lo imposible para concentrarse en lo inexistente posible: en otras palabras, en mundos que vayan, sí, más allá de lo contingente, pero no contra la ciencia. Es más, la ciencia ficción debería diferenciarse de la literatura convencional no por su cualidad literaria, sino por su contenido, es decir, ocupándose de las especies en lugar de los individuos.

La excepción más sustanciosa a la que Lem se refería en la cláusula parentética de su título era Philip Dick, a quien en otro ensayo tildó de *visionario entre charlatanes*, para ahondar el cuchillo en la llaga. No obstante, como bien sabía Lem, Dick constituye sólo una excepción parcial, porque sus espectaculares visiones afloran (o están sumergidas) en un océano de debilidades científicas y de mediocridades estilísticas. En suma, la suya es una literatura de grandiosos proyectos modestamente realizados.

Lem no podía indicar explícitamente la única auténtica excepción, porque habría tenido que hablar de sí mismo: el único autor de ciencia ficción que posee una cultura de científico y un estilo de literato. A diferencia de sus colegas, que disputan sobre la ciencia de los milenios futuros sin conocer siquiera la del presente siglo, Lem había realizado estudios científicos. No en la escuela, porque es licenciado en medicina. Sino «privadamente», en el sentido de que leyó con voracidad textos, más de investigación que de divulgación, que abarcan de la lógica a la matemática, de la física a la informática.

Sin duda, Lem no está sujeto a la ley que lleva su nombre, por él mismo enunciada en *Un minuto humano*: «La gente no lee. Si lee, no comprende. Y si comprende, no recuerda». En efecto, después de haber leído, comprendido y recordado la ciencia más dispar, Lem se divirtió imitándola, parodiándola y reinventándola en obras que constituyen lo que la ciencia ficción podría llegar a ser, si no fuese lo que es y si se convirtiese en lo que debería.

Tomemos, por ejemplo, la *ley de Donda* enunciada en las *Nuevas aventuras de Tichy*: «Lo que un ordenador grande puede hacer con un programa pequeño, un ordenador pequeño lo puede hacer con un programa grande. Por tanto, un programa infinito puede funcionar solo, sin ordenador». Parece un simple juego de palabras pero, en cambio, la premisa es una cautivadora reformulación de la idea de Turing que llevó al desarrollo de los ordenadores: la posibilidad de potenciar una máquina aumentando no el *hardware*, como sucedía con las viejas calculadoras, sino el *software*, como sucede con las computadoras programables.

La conclusión, en cambio, comporta un irónico paso al filo de lo imposible. De hecho, es verdad que la ampliación del programa permite una disminución de la máquina. Pero no se puede superar el nivel crítico por debajo del cual la máquina dejaría de ser universal y, por tanto, los programas no podrían funcionar. Además, cuanto más pequeña es la máquina, más tiempo emplea en hacer que funcione un programa grande. Sin ordenador, un programa infinito giraría a velocidad cero, o sea, estaría parado y no haría nada.

Naturalmente, de las premisas también se habría podido sacar otra conclusión simétrica: «un ordenador infinito puede funcionar solo, sin programa». En este caso no habría contradicciones porque, mientras que un programa no puede funcionar sin ordenador, una máquina puede funcionar sin programa. Y dado que cuanto más grande es la máquina, menos tiempo emplea para hacer que funcione un programa pequeño, un ordenador infinito funcionaría a la velocidad de la luz sin programa. Que es, justamente, lo que le sucede a la naturaleza.

Los pasajes de Lem que permitirían semejantes análisis son innumerables y constituyen uno de los aspectos más originales de su variopinta obra, al menos para quien tenga oídos para oír. Igualmente originales, pero más universalmente accesibles, son las variaciones sobre aquel bajo continuo de la ciencia ficción representado por el contacto con otras civilizaciones o inteligencias. Los extraterrestres de Lem no son, afortunadamente, humanoides con seis dedos o con antenas, sino indefinibles e indeterminables entidades. Un misterioso océano en *Solaris*, del que Andrei Tarkovski sacó una memorable película. Una indescifrable y acaso ilusoria señal cósmica en *La voz de su amo*, cuyo narrador es un matemático. Una civilización que rechaza el contacto en *Fiasco*, que desenvuelve una trágica secuela de mutuas incomprensiones.

Estos libros afrontan el misterio central de la fe en otras mentes: aun aceptando que existiesen, ¿cómo podríamos reconocerlas y comunicar con ellas? En sus *Investigaciones filosóficas* Wittgenstein se había limitado a observar que «si un león pudiese hablar, no lo comprenderíamos». Lem sondea sistemáticamente las posibilidades, y demuestra que sería (o será) muy difícil poder trascender nuestros *a priori*, y arribar aunque sea sólo a la certidumbre de la existencia de inteligencias distintas de las nuestras. Por no hablar de las posibilidades de emprender intercambios significativos con ellas.

Otro tema típico de la ciencia ficción es la evolución de las máquinas, y Lem lo ha llevado a sus extremas consecuencias. No tanto en las historias de *Ciberíada* y *Fábulas de robots*, que narran, con un toque a medias entre el Voltaire de *Micromegas* y el Calvino de las *Cosmicómicas*, las gestas de seres electromecánicos que pueblan un mundo completamente sin hombres. Sino, más bien, en la que tal vez sea su obra maestra: *Golem XIV*, una recopilación de lecciones de filosofía subliminal impartidas por un ordenador de la octogésima generación, que enseña a la humanidad un atisbo de su superior inteligencia.

Después de su última lección, el Golem XIV dejará voluntariamente de comunicar con los seres humanos. Lem sugiere, pues, que es inútil preocuparse de si un ordenador inteligente será útil o dañino para la humanidad. Probablemente, tendrá cosas mejores que hacer que ocuparse de nosotros, y nos tratará tal como nosotros tratamos a las moscas: apartándolas con un gesto de la mano si nos zumban alrededor y aplastándolas sin problemas si nos molestan con demasiada insistencia.

Golem XIV forma parte de la producción más teorética y original de Lem. La de los *Diálogos* y de la *Summa Technologiae*, que lo convierte en un auténtico Doctor Sidereus de la era moderna. Y, sobre todo, la de los libros imaginarios, de los que había escrito reseñas o prefacios, reunidos en tres antologías excepcionales: *Vacío perfecto, Un valor imaginario* y *Un minuto humano*, que constituyen una especie de biblioteca inexistente a la cual Lem pudo acudir para construir sus mundos fantásticos. Que nos lo harán recordar largo y tendido, en este futuro que ya conocemos en parte gracias a sus profecías literarias.

13. Las negaciones de la literatura

La historia de la literatura contemporánea se puede releer, o reescribir, como la fase terminal de una relación amorosa: a las túrgidas pasiones del siglo XVIII, fecundadas por las voluptuosas consumaciones del siglo XIX, se sucedieron las estériles desilusiones del siglo XX. Y como amantes ya saturados o desilusionados, los autores primero empiezan a concederse a la literatura cada vez más de mala gana, luego se le niegan y la rehuyen de forma progresiva y sistemática y, antes de abandonarla definitivamente, llegan a engañarla con nuevos amores.

Naturalmente, las primeras infidelidades, en la vida como en el arte, son las imaginarias. Y sus primeros vagidos los ha llorado la literatura imaginaria desde los exordios de la novela, en el *Quijote*. En la primera parte de la obra, en efecto, se incluye integralmente una inexistente *Novela del curioso impertinente* (I, 33-35). En la segunda parte, por contra, don Quijote y Sancho Panza han leído ya la primera (II, 2) y Cervantes reseña las obras de un inexistente e innominado (i)literato: *El libro de las libreas*, un *Ovidio español* y un *Suplemento a Virgilio Polidoro* (II, 22 y 24).

La novela moderna nace, pues, bien consciente de la estratificación de la realidad en múltiples niveles, comenzando por el denominado «objetivo»: el cual, admitiendo que exista, constituye, no obstante, un inalcanzable *noumeno* kantiano. Contrariamente, todos los fenómenos, incluido el literario, forman parte de aquella virtualidad subjetiva más o menos elaborada que constituye nuestra auténtica «realidad»: ya lo había intuido Liu Shilong, mandarín chino de la época Ming, observando en el *Jardín inexistente* que, puesto que un buen número de los jardines célebres de antaño había desaparecido ya y sólo sobrevivía en los libros, podía uno ahorrarse la observación para pasar directamente a la invención.

Por supuesto, la invención es la esencia misma de la literatura. Pero de invención en invención, y a fuerza de ensartar invenciones, se corre el riesgo de perder el hilo. Por ejemplo, uno de los escritores imaginarios más famosos es el *Pierre Menard, autor del Quijote* de un homónimo relato de Borges: pero un escritor de nombre (Louis) Ménard existió realmente, trató de rescribir una versión del perdido *Prometeo Liberado* de Esquilo (en francés, para la comodidad de sus lectores), y logró introducir subrepticiamente una parodia suya en una colección de obras de Diderot, hasta que fue descubierto por Anatole France. ¿En qué punto del relato de Borges termina la realidad y empiezan, pues, las *Ficciones*?

Y ¿hasta qué punto pueden adquirir existencia real las obras de un escritor imaginario? Para seguir con Borges, en *Examen de la obra de Herbert Quain* él atribuye al inexistente autor homónimo una novela policíaca titulada *The God of the Labyrinth* y esboza un bosquejo de trama y de conclusión. Ese libro jamás escrito adquiere, sin embargo, una inesperada realidad virtual al ser leído por Ricardo Reis, un heterónimo de Pessoa, en la imaginaria biografía *El año de la muerte de Ricardo Reis* de Saramago, que describe impertérrito sus ulteriores desarrollos. ¿Quién de los tres, Quain, Borges o Saramago, es, pues, el autor de *The God of the Labyrint*?

Y, a propósito de Saramago, ¿cuál es la verdadera *Historia del cerco de Lisboa*? ¿La que se compra en las librerías? ¿O la homónima que lee el corrector, en la novela, junto a los lectores? O, aún, ¿la que el corrector vuelve a escribir para modificar la historia e inventarse una nueva? Y ¿qué grado de realidad tienen los libros de Stanislav Lem, el verdadero campeón de la literatura inexistente, por él reseñados o con introducción suya, en *Vacío perfecto* o *Un valor imaginario*?

Queriendo, podríamos seguir largo y tendido, porque la lista de los libros que tienen una existencia virtual de segundo grado, en el sentido de que están descritos (o, al menos, citados) en libros reales, es interminable. Afortunadamente, nos exime de hacerlo la última estimulante obra a cargo de Paolo Albani y Paolo della Bella: *Mirabiblia. Catalogo ragionato di libri introvabili* (2003), que hace de complemento a su acertado *Forse Queneau* (1999), en el cual se describían, en cambio, las ciencias anómalas. Con una diferencia, no obstante, que mientras las ciencias anómalas son una parodia de la ciencia, la literatura imaginaria es literatura a todos los efectos.

Como máximo se trata, como ya hemos apuntado, de una singular afirmación suya que surge del intento de negarla: un proyecto imposible de realizar, como testimonian los otros múltiples intentos de llevarlo a cabo. Empezando por el más violento de todos: la quema de los libros, real (desde el primer emperador chino hasta el último dictador alemán) o imaginaria (desde *Auto de fe* de Canetti hasta *Fahrenheit 451* de Bradbury). Menos violentos, aunque siempre contrarios a la voluntad del autor, son los índices de los inquisidores, las listas de proscripción de los censores, la destrucción por parte de los libreros, los rechazos de los editores, la falta de reimpresiones, el agotamiento de ejemplares, su pérdida o deterioro, y el verse relegadas al olvido: al cual, tarde o temprano, todas las obras están naturalmente destinadas.

A veces los libros se niegan de manera más sutil. Por ejemplo, presentándose como auténticos aun siendo falsos: de la apócrifa continuación del *Quijote*, publicada en 1614 por Avellaneda con gran despecho de Cervantes, al *Suplemento al «Viaje de Bougainville»* escrito por Diderot. O reescribiendo libros ya existentes, como *Pinocchio: un libro parallelo* de Manganelli. O traduciendo de forma creativa, como hizo Eco con los *Ejercicios de estilo* de Queneau. O contando en la propia lengua y para el propio tiempo las acostumbradas historias de guerra, de viaje y de amor, como se ve obligado a hacer quienquiera que desee narrarlas después de Homero.

Otras veces son, en cambio, los autores mismos quienes persiguen la negación de su obra. Por ejemplo, escribiéndola de forma expresamente ilegible, como *Finnegans Wake* de Joyce y *La diseminación* de Derrida (que sea filosofía, no hay *différence*). O embarcándose en empresas imposibles de terminar, como *El hombre sin atributos* de Musil y *El proceso* de Kafka. O perdiéndose en infinitas divagaciones, como en *Tristram Shandy* de Sterne y *Jacques el fatalista* de Diderot. Y, de paso, mostrando elocuentemente cómo obtener afirmaciones editoriales reales a través de negaciones literarias aparentes.

También existen, sin embargo, quienes se niegan de verdad: impidiendo la reedición de sus propias obras, manteniéndolas inéditas, destruyéndolas antes de que lleguen a manos de los editores o de los herederos, no terminándolas por los motivos más variados. O, aun sin alcanzar esos excesos, escondiéndose tras pseudónimos. O publicando anónimamente. O dejando que sean otros quienes se apropien de ellas, como hizo Marianne Jung cuando confió a Goethe sus propias poesías y él las incluyó a su nombre en el *Diván occidental-oriental*.

De todos modos, para un autor, la decisión más radical es la de no escribir. O, al menos, de no escribir más; aun pudiendo y sabiéndolo hacer, por supuesto. *Bartleby y compañía* de Enrique Vila-Matas (2000) enumera una larga serie de escritores que trataron de aproximarse a dicho límite. Dejando de narrar historias y de describir el mundo. Creando una metaliteratura que se dirige a sí misma, como en los *Seis personajes en busca de autor* de Pirandello. Escribiendo sobre la imposibilidad de escribir, como en *Por qué no he escrito ninguno de mis libros* de Marcel Bénabou o en la *Bibliografía de los libros jamás publicados o jamás escritos* de Blaise Cendrars. Refugiándose en la concisión, según el modelo de los *haiku* japoneses o de las *kenningar* islandesas. Privilegiando la oralidad a la escritura, como los antiguos sabios de Sócrates a Buda. Y, por último, prefiriendo el silencio a la palabra, según el dicho del *Tao Te Ching*: «quien sabe no habla, quien habla no sabe».

No obstante, la verdadera negación de la literatura es, tal vez, hoy día, el clamor mediático de anticipaciones, publicaciones, presentaciones, reseñas, anuncios, promociones, premiaciones, traducciones, reediciones y exhumaciones que acompaña al mercado editorial. Las cualidades humanas y literarias necesarias para destacar en el gran circo de la edición, o incluso sólo para sobrevivir en él, garantizan por una parte el suicidio del autor y por la otra el homicidio de la obra, e inducen a creer que tienen razón quienes afirman negativamente: *Tempus est tacendi.*

Bibliografía mínima

Albani, P. y della Bella, P., *Forse Queneau. Enciclopedia delle scienze anomale*, Bolonia, Zanichelli, 1999.

— *Mirabiblia. Catalogo ragionato di libri introvabili*, Bolonia, Zanichelli, 2003.

Aragona, R. (a cargo de), *Enigmatica. Per una poietica ludica*, Nápoles, Edizioni Scientifiche Italiane, 1996.

— *Le vertigini del labirinto*, Nápoles, Edizioni Scientifiche Italiane, 2000.

— *La regola è questa. La letteratura potenziale*, Nápoles, Edizioni Scientifiche Italiane, 2002.

Aragona, R. (a cargo de), *Oplepiana. Dizionario di Letteratura Potenziale*, Bolonia, Zanichelli, 2002.

Baranelli, L. y E. Ferrero (a cargo de), *Album Calvino*, Milán, Mondadori, 1995.

Bartezzaghi, S., *Accavallavacca*, Milán, Bompiani, 1992.

Belpoliti, M. (a cargo de), *Italo Calvino*, Milán, Marcos y Marcos, 1995.

Bénabou, M., *Por qué no he escrito ninguno de mis libros*, Barcelona, Anagrama, 1994.

Borges, J. L.; *Obras completas 1923-1972*, Madrid, Ultramar, 1977.

— *Obras completas*, 4 vols., Buenos Aires, Emecé, 2001.

— *Obras completas en colaboración*, Buenos Aires, Emecé, 2001.

Calvino, I., *Romanzi e racconti*, volumen I, Milán, Mondadori, 1991.

— *Romanzi e racconti*, volumen II, Milán, Mondadori, 1992.

— *Romanzi e racconti*, volumen III, Milán, Mondadori, 1994.

— *Saggi 1945-1985*, Milán, Mondadori, 1995.

Carroll, L., *Alicia en el país de las maravillas* (1865; trad. de J. de Ojeda, Madrid, Alianza, 1970)

— A *través del espejo y lo que Alicia encontró al otro lado* (1871; trad. de Jaime de Ojeda, Alianza, 1973)

Cervantes, M., *El Ingenioso Hidalgo Don Quijote de la Mancha*, edición de J. J. Allen, 2 vol., Madrid, Cátedra, 1986.

Changeaux, J-P., y Connes, A., *Pensiero e materia*, Turín, Bollati Boringhieri, 1991.

Dossena, G., *La zia era assatanata*, Roma-Nápoles, Theoria, 1988.

— *Dizionario dei giochi con le parole*, Milán, Vallardi, 1994.

Eco, U., *Sugli specchi*, 1985; trad. cast. de C. Moyano, *De los espejos y otros ensayos*, Barcelona, Lumen, 1988.

— *Il secondo diario minimo*, Milán, Bompiani, 1992.

Eco, U. y Sebeok T. (a cargo de), *El signo de los tres*, Barcelona, Lumen, 1989.

Eruli, B. (a cargo de), *Attenzione al potenziale! Il gioco della letteratura*, Florencia, Marco Nardi, 1994.

Gödel, K., «Über formal unentscheidbare Sätze der Principia Mathematica und verwandter Systeme I», Monatshefte für Mathematick und Physik, 38, 1931, págs. 173-198, trad. it. en *Il teorema de Gödel*, a cargo de S.G. Shanker, Muzzio, 1991, págs. 23-62.

Hinterhäuser, H., *Il romanzo tedesco del novecento*, a cargo de G. Baioni, G. Bevilacqua, C. Cases y C. Magris, Turín, Einaudi, 1973.

Jarry, A., *Gestas y opiniones del doctor Faustroll, patafísico*, 1911.

Kafka, F., «Un mensaje imperial», en *El libro del hambre*, Madrid, Sirpus, 2003.

Kundera, M., *El arte de la novela*, Barcelona, Tusquets, 1987.

Manganelli, G., *Esperimento con l'India*, Milán, Adelphi, 1992.

Norbu, J., *Los años perdidos de Sherlock Holmes*, a cargo de Jamyang Norbu, Barcelona, El Acantilado, 2002.

Odifreddi, P., «Scandali della ragione», en *Cultura e scuola*, 135-136 (1995), 54-62.

— «Labirinti dello spirito», en *Cultura e scuola*, 137 (1996), 62-78.

— «Philip Dick, visionario y charlatán» *La Stampa*, 23 de diciembre de 1998.

— «Un matemático lee Borges» en *Le Scienze*, agosto de 1999, pp. 106-109.

— «Una Comedia matemática» *Repubblica*, 3 de junio de 2000.

— «Métodos matemáticos de la literatura» *Nuova Civiltà delle Macchine*, 3 (2000), 116-133.

— «Doctor Sidereus» *La Rivista dei Libri*, marzo de 2002, pp. 38-39.

— *Penna, pennello e bacchetta. Le tre invidie del matemático*, Roma-Bari, Laterza, 2005.

Oplepo, *La biblioteca oplepiana*, Bolonia, Zanichelli, 2005.

Oulipo, *Atlas de littérature potentielle*, París, Gallimard, 1981.

— *La littérature potentielle (Créations Re-créations Récréations)* 1973; cit. por la ed. it. a cargo de R. Campagnoli e Y. Hersant *La letteratura potenziale*, Bolonia, Clueb, 1985.

— *La Bibliothèque Oulipienne*, 1990; cit. por la ed. it. *Oulipiana*, a cargo de R. Campagnoli, Nápoles, Guida, 1995.

Perec, G., *La disparition*, (1969; ed. cast. de M. Arbués, M. Burrel, M. Parayre, H. Salceda y R. Vega, *El secuestro*, Barcelona, Anagrama, 1997).

Popper, K., *La lógica de la investigación científica* (1934; cit. por la ed. it.).

— *La sociedad abierta y sus enemigos* (1945; cit. por la ed. it.).

Pozzi, G., *La parola dipinta*, Milán, Adelphi, 1981 y 1996.

— *Poesia per gioco*, Bolonia, Il Mulino, 1984.

Queneau, R., *Ejercicios de estilo* (1947 y 1976; trad. de A. Fernández Ferrer, Madrid, Cátedra, 1999).

— *Bâtons, chiffres et lettres* (1950 y 1965; cit. por la ed. it., *Segni, cifre e lettere*, Turín, Einaudi, 1981).

Roubaud, J., «N-ines, autrement dit Quenines», en *Bibliothèque Oulipienne*, 65 (1992).

— «N-ines autrement dit Quenines (encore)», en *Bibliothèque Oulipienne*, núm. 66 (1993).

Simon, H., «Primera plana va más lejos con Herbert Simon y Jorge Luis Borges», en *Primera Plana*, Buenos Aires, 414 (1971), 42-45.

Unseld, S., *L'autore e il suo editore*, Milán, Adelphi, 1988.

Vila-Matas, E., *Bartleby y compañía*, Barcelona, Anagrama, 2000.

Wittgenstein, L., *Observaciones sobre los fundamentos de la matemática*, 1956; Madrid, Alianza, 1987.

— *Investigaciones filosóficas*, 1953; Barcelona, Crítica, 1988.

Índice de autores